职业院校智能制造专业系列教材

电力拖动基本控制线路

（任务驱动模式）

主　编　徐　铁　　田　伟　　李卫国
副主编　温盛红　　孙文海　　洪宗海
参　编　高　峰　　时永贵　　郑勇志　　袁小斐
　　　　吴　洋　　林　梅　　崔建利　　肖　晶
　　　　许闪闪　　袁学琦　　郭要军　　张铁栋
　　　　王　婧

机械工业出版社

本书是为职业院校电气自动化设备安装与维修、机电一体化等相关专业培养高技能人才而编写的一体化教材，主要内容包括：电动机基本控制电路的安装调试，常用生产机械电气控制电路的安装调试与故障检修，变频器的应用等。本书按照任务驱动教学法设计教学内容，对知识目标的选取以培养操作技能为目的，实现理论与技能一体化教学的完美结合。书中还配有二维码，扫描书中二维码，即可观看相关视频。

本书可作为职业院校电气自动化设备安装与维修、机电一体化专业教材，也可供从事机电行业的工程技术人员参考。

图书在版编目（CIP）数据

电力拖动基本控制线路：任务驱动模式/徐铁，田伟，李卫国主编. —北京：机械工业出版社，2020.6（2024.9重印）
职业院校智能制造专业系列教材
ISBN 978-7-111-65460-5

Ⅰ.①电… Ⅱ.①徐… ②田… ③李… Ⅲ.①电力传动-自动控制系统-高等职业教育-教材 Ⅳ.①TM921.5

中国版本图书馆CIP数据核字（2020）第067442号

机械工业出版社（北京市百万庄大街22号　邮政编码100037）
策划编辑：陈玉芝　责任编辑：王振国　陈玉芝
责任校对：张　征　封面设计：张　静
责任印制：刘　媛
涿州市般润文化传播有限公司印刷
2024年9月第1版第6次印刷
184mm×260mm·12.25印张·303千字
标准书号：ISBN 978-7-111-65460-5
定价：35.00元

电话服务　　　　　　　　　　　网络服务
客服电话：010-88361066　　　　机　工　官　网：www.cmpbook.com
　　　　　010-88379833　　　　机　工　官　博：weibo.com/cmp1952
　　　　　010-68326294　　　　金　书　网：www.golden-book.com
封底无防伪标均为盗版　　　机工教育服务网：www.cmpedu.com

前　言

《国家职业教育改革实施方案》要求，大幅提升新时代职业教育现代化水平，为促进经济社会发展和提高国家竞争力提供优质人才资源支撑。

为加快培养一大批具备职业道德、职业技能和就业创业能力的高技能人才，针对电气自动化设备安装与维修、机电一体化专业的教学要求，我们编写了本书。在本书的编写过程中，贯彻了校企"双元"合作开发的原则，把编写重点放在以下几个方面。

（1）内容上突出新旧结合，既有电动机基本控制电路的安装调试、常用生产机械电气控制电路的检修、设计与安装调试，又有变频器应用等现代电气控制技术的内容。

（2）坚持校企"双元"合作开发的原则，采用生产任务与学习任务相融合的模块化形式，便于相关院校开展一体化教学。

（3）采用图文并茂的表现形式，精彩展现教材内容，降低学生的学习难度，激发学生的学习兴趣。

（4）各学习任务后精选电工中、高级职业技能鉴定试题，作为学生对技能和知识掌握情况的综合评价依据。

（5）为方便开展一体化教学，本教材还配有电子课件和视频资源。

本书由徐铁担任第一主编并负责全书的统稿。单元1由徐铁、李卫国、温盛红、孙文海、林梅、袁学琦、郭要军、张铁栋、王婧编写，单元2由田伟、崔建利、肖晶、许闪闪编写，单元3由洪宗海、高峰、时永贵、郑勇志、袁小斐和吴洋编写。

由于编者水平有限，书中难免存在不足之处，恳请广大读者提出宝贵意见，以便修订时加以完善。

编　者

目　录

前　言

单元1　电动机基本控制电路 ·· 1
  任务1-1　三相异步电动机点动正转控制电路的安装调试 ·· 1
  任务1-2　三相异步电动机接触器自锁正转控制电路的安装调试 ·································· 23
  任务1-3　三相异步电动机正反转控制电路的安装调试 ·· 32
  任务1-4　位置控制与自动往返控制电路的安装调试 ··· 42
  任务1-5　顺序控制电路的安装调试 ·· 53
  任务1-6　星形－三角形减压起动控制电路的安装调试 ··· 63
  任务1-7　反接制动控制电路的安装调试 ··· 69
  任务1-8　能耗制动控制电路的安装调试 ··· 76
  任务1-9　多速异步电动机控制电路的安装调试 ·· 81
  任务1-10　三相绕线转子异步电动机控制电路的安装调试 ·· 88
  任务1-11　直流电动机控制电路的安装调试 ·· 98

单元2　常用生产机械的电气控制电路 ·· 108
  任务2-1　CA6140型卧式车床电气控制电路的安装调试 ··· 108
  任务2-2　Z3050型摇臂钻床电气控制电路的故障检修 ·· 120
  任务2-3　X6132型万能铣床电气控制电路的故障检修 ·· 133
  任务2-4　电气控制电路设计基础 ··· 144

单元3　变频器的应用 ·· 158
  任务3-1　正反转能耗制动控制电路的变频器改造 ·· 158
  任务3-2　变频调速在刨床主拖动系统中的应用 ··· 174

附录　常用低压电器设备的图形符号与文字符号 ·· 190

单元 1　电动机基本控制电路

本单元的任务是熟悉常用低压电器的功能、基本结构、工作原理及型号含义,正确选用常用低压电器,并进行电动机基本控制电路的安装与调试。

任务 1-1　三相异步电动机点动正转控制电路的安装调试

知识目标
- ♪ 了解熔断器、断路器、按钮、接触器的基本知识。
- ♪ 了解电气符号标准。
- ♪ 了解三相异步电动机点动正转控制电路的组成、工作原理。

技能目标
- ♪ 掌握熔断器、断路器、按钮、接触器的识别与检测。
- ♪ 正确识读基本的电气符号。
- ♪ 正确进行三相异步电动机点动正转控制电路的安装与调试。

*任务描述

本任务主要学习熔断器、断路器、按钮和接触器的选用与检测方法,并能够正确安装和调试三相异步电动机点动正转控制电路。如图 1-1 所示,点动正转控制电路是用按钮、接触器来控制电动机运行的最简单的正转控制电路。

*任务分析

点动控制是指按下按钮,电动机得电运行;松开按钮,电动机失电停转。这种控制方法常用于车床溜板箱快速移动电动机控制,如图 1-2 所示。

*相关知识

一、低压熔断器

低压熔断器是在电路中起短路保护作用的电器,简称熔断器。熔断器应串联在被保护电路中，以电流产生的热量使熔体熔断，进而自动切断电路，起到保护电路和电气设备的作用。常用的熔断器如图 1-3 所示。

a) 控制电路　　　　　　　　　　　　b) 电动机实物

图 1-1　点动正转控制电路和电动机实物

图 1-2　CA6140 型车床　　　　　　　　　　　　视频 1

a) RT18系列　　　　　b) RL1系列　　　　　c) RM10系列

图 1-3　常用的熔断器

1. 熔断器的结构与符号

熔断器主要由熔体、熔管和熔座三部分组成,如图 1-4 所示。

2. 熔断器的型号及含义

熔断器的型号及含义如图 1-5 所示。

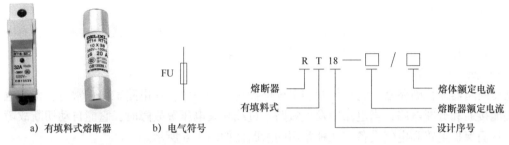

图 1-4 有填料式熔断器与电气符号　　图 1-5 熔断器的型号及含义

例如,型号 RT18—32/20 中,R 表示熔断器,T 表示有填料式,设计序号为 18,熔断器额定电流 32A,熔体额定电流 20A。

3. 熔断器的选择

在电气设备正常运行时,熔断器应不熔断;在出现短路故障时,熔断器应立即熔断。在电流发生正常变动(如电动机起动过程)时,熔断器应不熔断;在用电设备持续过载时,应延时熔断。由此可见,熔断器和熔体只有经过正确的选择,才能起到应有的保护作用。

对熔断器的选用主要包括熔断器的类型、额定电压、额定电流和熔体额定电流等。

(1) 熔断器类型的选用　根据使用环境、负载性质和短路电流的大小选择适当类型的熔断器。

(2) 熔断器额定电压和额定电流的选用　熔断器的额定电压必须大于或等于电路的额定电压,额定电流必须大于或等于所装熔体的额定电流。熔断器的分断能力应大于电路中可能出现的最大短路电流。

(3) 熔体额定电流的选用

1) 对照明、电热等负载,其熔体额定电流应大于或等于负载的额定电流。

2) 对于一台不经常起动且起动时间较短的电动机,熔体额定电流应按式(1-1)选择,即

$$I_{RN} \geqslant (1.5 \sim 2.5)I_N \tag{1-1}$$

式中　I_{RN}——熔体额定电流;

　　　I_N——电动机额定电流。

对于频繁起动或起动时间较长的电动机,式(1-1)中的系数应增加到 3~3.5。

3) 对多台电动机,熔体额定电流应按式(1-2)选择,即

$$I_{RN} \geqslant (1.5 \sim 2.5)I_{Nmax} + \sum I_N \tag{1-2}$$

式中　I_{Nmax}——最大功率电动机的额定电流;

　　　$\sum I_N$——其余电动机额定电流的总和。

在电动机的功率较大而实际负载较小时，熔体额定电流应适当小些，以小到电动机起动时熔体不熔断为准。

二、低压开关

低压开关一般为手动切换电器，主要用于隔离、转换、接通和分断电路。常用的低压开关有低压断路器、组合开关等。

在电力拖动中，低压开关多用于机床电路的电源开关和局部照明电路的控制开关，有时也可用来直接控制小功率电动机的起动、停止和正反转。

（一）低压断路器

低压断路器简称断路器。它集控制和多种保护功能于一体，在电路工作正常时，作为电源开关能接通和分断电路；当电路中发生短路、过载和失电压等故障时，它能自动切断故障电路，从而保护电路和电气设备。几种常用的断路器如图1-6所示。

a）DZ10系列

b）DZ47系列

图1-6　断路器

1. 断路器的结构与电气符号

DZ47系列断路器的结构与电气符号如图1-7所示。它由机械锁定手柄装置、过载保护金属片装置、短路保护电磁脱扣器、触点组、急速灭弧系统及绝缘外壳等部分组成。

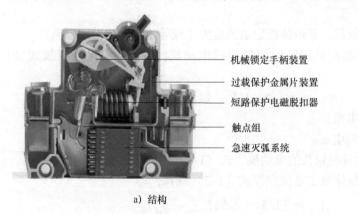

a）结构　　　　　　　　　　　　b）电气符号

图1-7　断路器的结构与电气符号

DZ47—60 系列断路器有 3 对主触点。使用时 3 对主触点串联在被控制的三相电路中，用以接通和分断主电路的大电流。当电路出现短路、过载等故障时，断路器会自动跳闸而切断电路。

2. 断路器的型号及含义

断路器的型号及含义如图 1-8 所示。

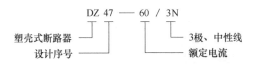

图 1-8　断路器的型号及含义

3. 断路器的选择

1）断路器的额定电压、额定电流应大于或等于电路、设备的正常工作电压、工作电流。

2）热脱扣器的整定电流应等于所控制负载的额定电流。

3）电磁脱扣器的瞬时脱扣整定电流应大于负载电路正常工作时的峰值电流。用于控制电动机的断路器，其瞬时脱扣整定电流可按式（1-3）选取，即

$$I_z \geq KI_{st} \tag{1-3}$$

式中　K——安全系数，可取 1.5~1.7；

　　　I_{st}——电动机的起动电流。

4）欠电压脱扣器的额定电压应等于电路的额定电压。

5）断路器的极限通断能力应大于或等于电路的最大短路电流。

（二）组合开关

组合开关又称为转换开关，控制容量比较小，常用于电气设备的不频繁操作、切换电源和负载，以及控制小功率交流电动机。两种常用的组合开关如图 1-9 所示。

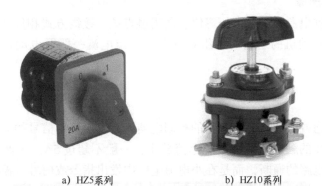

a）HZ5系列　　b）HZ10系列

图 1-9　两种常用的组合开关

1. 组合开关的结构与电气符号

HZ10—10/3 型组合开关的结构如图 1-10a 所示。组合开关的电气符号如图 1-10b 所示。

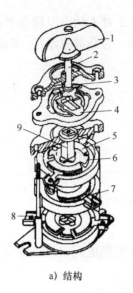
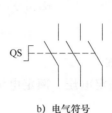

a）结构　　　　　　　　b）电气符号

图 1-10　HZ10—10/3 型组合开关

1—手柄　2—转轴　3—弹簧　4—凸轮　5—绝缘垫板　6—动触点　7—静触点　8—接线端子　9—绝缘杆

2. 组合开关的型号及含义

组合开关的型号及含义如图 1-11 所示。

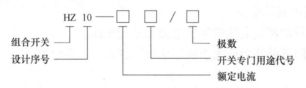

图 1-11　组合开关的型号及含义

3. 组合开关的选择

组合开关应根据电源种类、电压等级、所需触点数、接线方式和负载容量进行选择。用于控制小功率异步电动机的运行时，组合开关的额定电流一般取电动机额定电流的 1.5～2.5 倍。

三、按钮

按钮是用来接通或分断小电流电路的控制电器，是发出控制信号的电器开关，是一种手动的主令电器。按钮的触点允许通过的电流较小，一般不超过 5A。因此，一般情况下，它不直接控制大电流电路的通断，而是在小电流电路中发出指令或信号，控制接触器、继电器等电器，再由它们去控制大电流电路的通断、功能转换或电气联锁。图 1-12 所示为常用的按钮。

1. 按钮的结构与电气符号

按钮一般由按钮帽、复位弹簧、桥式动触点、静触点、支柱连杆及外壳等部分组成，如图 1-13 所示。

单元1 电动机基本控制电路

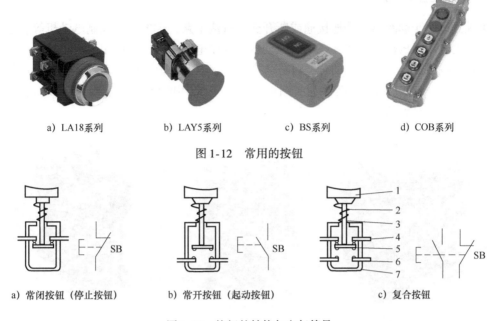

a) LA18系列　　　b) LAY5系列　　　c) BS系列　　　d) COB系列

图1-12　常用的按钮

a) 常闭按钮（停止按钮）　　b) 常开按钮（起动按钮）　　c) 复合按钮

图1-13　按钮的结构与电气符号

1—按钮帽　2—复位弹簧　3—支柱连杆　4—常闭静触点　5—桥式动触点　6—常开静触点　7—外壳

按钮按不受外力作用（即静态）时触点的分合状态，可分为常开按钮（起动按钮）、常闭按钮（停止按钮）和复合按钮（常开、常闭触点组合为一体的按钮）。一些特殊用途按钮的图形符号如图1-14所示。

a) 急停按钮　　b) 钥匙操作式按钮

图1-14　特殊用途按钮的图形符号

2. 按钮的型号及含义

按钮的型号及含义如图1-15所示。

图1-15　按钮的型号及含义

3. 按钮的选用

1）根据使用场合和具体用途选择按钮的种类。例如，嵌装在操作面板上的按钮可选用开启式；需显示工作状态的按钮可选用光标式；需要防止无关人员误操作的重要场合可选用钥匙操作式；在有腐蚀性气体处可选防腐式。

2）根据工作状态指示和工作情况要求，选择按钮或指示灯的颜色。例如，起动按钮可选用白、灰或黑色，优先选用白色，也可选用绿色；急停按钮应选用红色；停止按钮可选用黑、灰或白色，优先用黑色，也可选用红色。

3）根据控制电路的需要选择按钮的数量，如单联按钮、双联按钮和三联按钮等。

7

四、交流接触器

接触器适用于远距离频繁地接通或断开交、直流电路，主要用于控制电动机等。它具有欠电压、失电压释放保护功能，在电力拖动自动控制电路中被广泛应用。

接触器按主触点通过电流的种类可分为交流接触器和直流接触器两种。目前常用的交流接触器有 CJT1、CJX1、CJX8 等系列。图 1-16 所示为常用的交流接触器。下面以 CJX2 系列为例来介绍交流接触器。

a) CJT1系列

b) CJX1系列

c) CJX8系列

图 1-16　常用的交流接触器

1. 交流接触器的结构与电气符号

交流接触器主要由电磁机构、触点系统、灭弧装置和辅助部件等组成。CJX2—1210 型交流接触器的结构如图 1-17 所示。

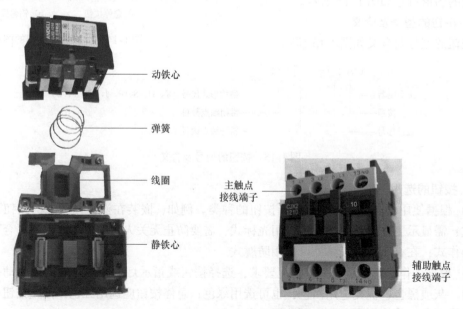

图 1-17　CJX2—1210 型交流接触器的结构

(1) 电磁机构　电磁机构主要由线圈、静铁心和动铁心（衔铁）三部分组成。其作用是利用电磁线圈的通电或断电，使衔铁和静铁心吸合或释放，从而带动动触点与静触点闭合或分断，实现接通或断开电路的目的。

铁心的两个端面上嵌有短路环，如图 1-18 所示，用以消除振动和噪声。

图 1-18　铁心的短路环

(2) 触点系统　交流接触器的触点系统包括主触点和辅助触点，如图 1-17 所示。主触点用来通断电流较大的主电路，一般由 3 对常开触点组成。辅助触点用来通断电流较小的控制电路，一般由两对常开触点和两对常闭触点组成。触点的常开和常闭，是指电磁系统未通电动作前触点的状态。常开触点和常闭触点是联动的。当线圈通电时，常闭触点先断开，常开触点后闭合，中间有一个很短的时间差。当线圈断电后，常开触点先恢复断开，常闭触点后恢复闭合，中间也有一个很短的时间差。这个时间差虽短，但对分析电路的控制原理有重要的意义。

(3) 灭弧装置　容量在 10A 以上的交流接触器都有灭弧装置。容量较小的交流接触器，常采用双断口结构的电动力灭弧装置；容量较大的交流接触器，多采用纵缝灭弧装置和栅片灭弧装置，如图 1-19 所示。

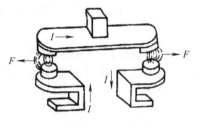
a) 双断口电动力灭弧装置

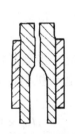
b) 纵缝灭弧装置

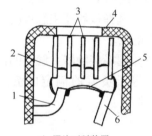
c) 栅片灭弧装置

图 1-19　常用的灭弧装置

1—静触点　2—栅片间电弧　3—栅片　4—灭弧罩　5—触点间电弧　6—动触点　F—电弧受到的电动力　I—电弧电流

(4) 辅助部件　如图 1-17 所示，交流接触器的辅助部件有反作用弹簧、缓冲弹簧、触点压力弹簧、传动机构及底座、接线柱等。

交流接触器的电气符号如图 1-20 所示。

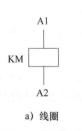
a) 线圈

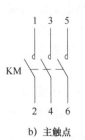
b) 主触点

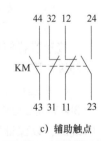
c) 辅助触点

图 1-20　交流接触器的电气符号

2. 交流接触器的工作原理

当交流接触器的线圈通电后，线圈中流过的电流产生磁场，使静铁心磁化产生足够大的电磁吸力，克服反作用弹簧的反作用力将衔铁吸合，衔铁通过传动机构带动辅助常闭触点先断开，3 对主触点和辅助常开触点后闭合。当接触器线圈断电或电压显著下降时，由于铁心的电磁吸力消失或过小，衔铁在反作用弹簧力的作用下复位，并带动各触点恢复到原始状态。

3. 交流接触器的型号及含义

交流接触器的型号及含义如图1-21所示。

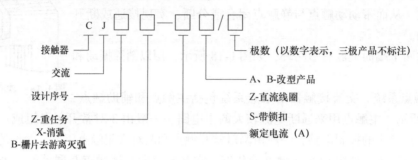

图1-21 交流接触器的型号及含义

4. 交流接触器的选用

（1）选择接触器类型　交流接触器按负荷种类一般分为一类、二类、三类和四类，分别记为AC1、AC2、AC3和AC4。一类交流接触器对应的控制对象是无感或微感负荷，如白炽灯、电阻炉等；二类交流接触器用于绕线转子异步电动机的起动和停止；三类交流接触器的典型用途是笼型异步电动机的运转和运行中分断；四类交流接触器用于笼型异步电动机的起动、反接制动、反转和点动。

（2）选择接触器主触点的额定电压　接触器主触点的额定电压应大于或等于控制电路的额定电压。

（3）选择接触器主触点的额定电流　接触器控制电阻性负载时，主触点的额定电流应大于或等于负载的额定电流。控制电动机时，可按经验公式计算（仅适用于CJT1系列），即

$$I_\mathrm{C} = \frac{P_\mathrm{N} \times 10^3}{KU_\mathrm{N}} \tag{1-4}$$

式中　K——经验系数，一般取1~1.4；

P_N——被控制电动机的额定功率（kW）；

U_N——被控制电动机的额定电压（V）；

I_C——接触器主触头电流（A）。

接触器若使用在频繁起动、制动及正反转的场合，应将接触器主触点的额定电流降低一个等级使用。

（4）选择接触器吸引线圈的额定电压　当控制电路简单、使用电器较少时，可直接选用380V或220V电压的线圈。当电路复杂，使用电器的个数超过5个时，可选用36V电压的线圈，以保证安全。

（5）选择接触器的触点数量和种类　接触器的触点数量和种类应满足控制电路的要求。

*任务准备

一、识读电气图样

生产机械电气控制电路的电气图样常用电路图、布置图和接线图来表示。三相异步电动

单元1 电动机基本控制电路

机点动正转控制电路如图1-22所示。

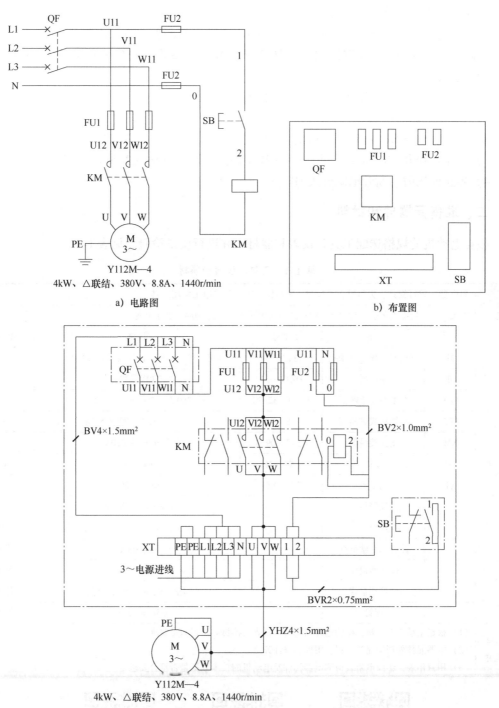

图1-22 三相异步电动机点动正转控制电路

由图1-22a可以看出，三相交流电源L1、L2、L3与电源开关QF组成电源电路；熔断器 FU1、接触器 KM 主触点和三相异步电动机 M 构成主电路；熔断器 FU2、起动按钮 SB 和接触器 KM 的线圈组成控制电路。

点动控制电路中，断路器 QF 作为电源隔离开关；熔断器 FU1、FU2 分别用于主电路、控制电路的短路保护；起动按钮 SB 控制接触器 KM 的线圈得电与失电；接触器 KM 的主触点控制电动机 M 的起动和停止。

根据电路图，点动正转控制电路的工作原理叙述如下：

1) 先合上电源开关 QF。
2) 起动：按下 SB→KM 线圈得电→KM 主触点闭合→电动机 M 起动运转。
3) 停止：松开 SB→KM 线圈失电→KM 主触点分断→电动机 M 断电停转。
4) 停止使用时，断开电源开关 QF。

二、准备元器件和材料

根据电动机的规格选配工具、仪表和器材，并进行质量检验，见表 1-1。

表 1-1 工具、仪表和器材

工具	验电器、螺钉旋具、尖嘴钳、斜口钳、剥线钳、电工刀等电工常用工具			
仪表	ZC25—3 型绝缘电阻表（500V）、DM3218A 型钳形电流表、MF47 型万用表			
器材	代号	名称	型号	规格	数量
	M	三相笼型异步电动机	Y112M—4	4kW、380V、8.8A、△联结、1440r/min	1
	QF	断路器	DZ47—32	380V、32A	1
	FU1	有填料式熔断器	RT18—32/20	380V、32A、配熔体 20A	3
	FU2	有填料式熔断器	RT18—32/5	380V、32A、配熔体 5A	2
	KM	交流接触器	CJX2—0910	线圈电压 220V	1
	SB	按钮	LA4—2H	保护式	1
	XT	端子板	TD—AZ1	660V、20A	1
		控制板		600mm×700mm	1
		主电路塑铜线		BV1.5mm² 和 YHZ1.5mm²	若干
		控制电路塑铜线		BV1.0mm²	若干
		按钮塑铜线		BVR0.75mm²	若干
		接地塑铜线		YHZ1.5mm²（黄绿双色）	若干
		螺钉		φ5mm×20mm	若干
质检要求	(1) 根据电动机的规格，检验选配的工具、仪表、器材等是否满足要求 (2) 电器元件外观应完整无损，附件、备件齐全 (3) 用万用表、绝缘电阻表检测电器元件及电动机的技术数据是否符合要求				

视频 2

视频 3

视频 4

*任务实施

一、安装电器元件

电器元件安装应牢固、整齐、匀称，间距合理，便于元器件的更换，如图 1-23 所示。

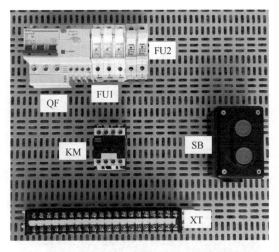

图 1-23　安装电器元件

二、板前明线布线

主电路、控制电路布线应分类集中、单层密排、横平竖直、分布均匀、避免交叉线，严禁损伤导线的线芯和绝缘层，导线中间无接头，与接线端子连接时不得压绝缘层、不反圈及露铜过长，如图 1-24 所示。

图 1-24　板前明线布线

三、安装电动机

控制板必须安装在操作时能看到电动机的地方,以保证操作安全。电动机的金属外壳必须按规定要求接到保护接地专用端子上,如图 1-1a 所示。

四、检查安装质量

用万用表检查电路的正确性,严禁出现短路故障,如图 1-25 所示。

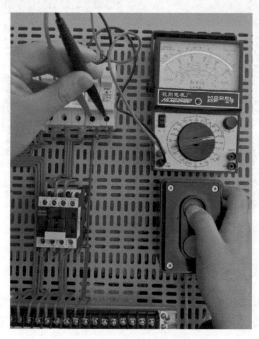

图 1-25 检查安装质量

五、通电试运行

将三相交流电源接入断路器,经指导教师检查合格后进行通电试运行。

*检查评价

检查评价见表 1-2。

表 1-2 检查评价

一级评价指标	二级评价指标	评价内容	配分	自我评价	小组评价
行为指标	安全文明生产	是否遵守电工操作规程	5 分		
		是否按安全规程正确操作,无仪表、元器件的损坏	5 分		
		工作岗位清洁、物品摆放有序	5 分		
		良好的工作习惯	5 分		

单元1 电动机基本控制电路

(续)

一级评价指标	二级评价指标	评价内容	配分	自我评价	小组评价
专业能力指标	工作过程中理论知识的运用	查阅资料的能力	5分		
		观察分析问题的能力	5分		
		解决问题的方法和效果	5分		
		对安装工艺要求的理解程度	5分		
	工作过程中技能水平的展现	完成工作的积极性	5分		
		完成工作的工艺与方法的掌握	10分		
		所采用的方案是否合理	10分		
		所采用的方案是否可行	10分		
		理论与实际相结合的综合分析	5分		
		工具、仪表的正确使用与维护保养	5分		
情感指标	综合运用能力	团队协作能力	5分		
		工作效率	5分		
		知识或技能拓展能力	5分		
合计			100分		
教师综合评价					

*知识拓展

一、三相异步电动机的接法

图1-26所示为一台三相异步电动机,其定子绕组的连接方法分为星形联结和三角形联结,应根据电动机的铭牌正确进行接线。

图1-26 三相异步电动机

1. 星形联结

星形联结又称为 Y 联结，是将定子绕组的尾端 U2、V2、W2 连接在一起，首端 U1、V1、W1 分别接三相电源 L1、L2、L3，如图 1-27 所示。

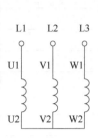 

图 1-27　星形联结　　　　　　　　　　视频 5

2. 三角形联结

三角形联结又称为 △ 联结，是将定子绕组的首、尾端依次连接在一起，再由首端 U1、V1、W1 分别接三相电源 L1、L2、L3，如图 1-28 所示。

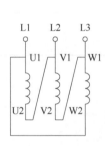 

图 1-28　三角形联结　　　　　　　　　视频 6

二、三相异步电动机绝缘电阻的测量

1. 绝缘电阻表的使用

绝缘电阻表是一种不带电测量电气设备及电路绝缘电阻的便携式仪表，如图 1-29 所示。

绝缘电阻表的额定电压应根据被测电气设备的额定电压来选择，低压设备可选用 500V 或 1000V 的绝缘电阻表，高压设备选用 2500V 的绝缘电阻表。

绝缘电阻表使用时的注意事项如下。

1) 对于具有电容设备、较长的电路或大电感的电路，应在停电并充分放电后方可测量绝缘电阻；测量后也要及时放电。

图 1-29　绝缘电阻表

2) 使用前应检查绝缘电阻表是否完好，并进行开路、短路试验。先将绝缘电阻表的端钮开路，摇动手柄达到 120r/min，观察指针是否指 "∞"；然后将"接地"(E)和"电路"(L)端钮短接,轻轻摇动手柄,观察指针是否指"0"。如果指针指示不对,应检修后再使用。

3) 引线应使用多芯绝缘性能良好的软铜线,长度一般不超过5m。

2. 三相异步电动机绝缘电阻的测量

三相异步电动机绝缘电阻的测量包括定子绕组的相间绝缘电阻和相对地的绝缘电阻测量。测量相间绝缘电阻时,将"L"和"E"端钮分别接两相绕组的接线端,测量 U-V、U-W、W-V 相间的绝缘电阻,如图 1-30a 所示。测量相对地的绝缘电阻时,应将"L"和"E"端钮分别接绕组和外壳(接地螺钉)的接线端,测量 U-地、V-地、W-地间的绝缘电阻,如图 1-30b 所示。

a) 相间绝缘电阻的测量　　　　b) 相对地绝缘电阻的测量

图 1-30　三相异步电动机绝缘电阻的测量

视频 7

测量开始时,手柄的摇动应该慢些,以防被测绝缘结构已损坏而出现短路进而损坏绝缘电阻表。在测量时,手柄转速应为120r/min,待指针稳定后再读取数据。测得绝缘电阻数值在 0.5MΩ 及以上为合格;否则需干燥处理。

三、三相异步电动机工作电流的测量

1. 钳形电流表的使用

钳形电流表可以在不切断电路的情况下,测量运行中交流电动机的工作电流,如图 1-31所示。

使用数字式钳形电流表时要注意以下几点。

1) 使用前应检查钳形电流表外观是否完好,绝缘有无破损,钳口是否完全密闭,表内电池的电量是否充足,不足时必须更新。

2) 测量前先估计被测电流的大小,选择合适的量程。当无法估计被测电流的大小时,应从最大量程开始,逐步换成合适的量程。转换量程时应在退出导线后进行。

3) 测量时应将被测载流导线置于钳口中央,以避免增大误差,如图 1-32 所示。

4) 测量完毕后,应将仪表的量程开关置于 OFF 位置,以防下次使用时操作者疏忽而造成仪表损坏,如图 1-31 所示。

 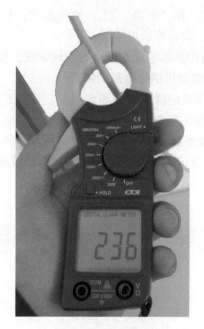

图 1-31　数字式钳形电流表　　　　图 1-32　减小测量误差　　　　视频 8

2. 三相异步电动机工作电流的测量

三相异步电动机通电运转后，将一根或两根载流导线放入钳形电流表的钳口中间，可以测量出三相异步电动机工作电流的大小。若将 3 根导线同时放入钳口，由于三相对称电流的相量和为零，仪表的读数为零。

四、电气符号的标准

我国电气符号采用的是国家标准 GB/T 4728.2~13《电气简图用图形符号》中所规定的图形符号，文字符号采用的是 GB 7159—1987《电气技术中的文字符号制定通则》中所规定的文字符号。这些符号是电气工程技术的通用技术语言，常用低压电气设备的图形符号与文字符号见附录。

国家标准对图形符号的绘制尺寸没有作统一的规定，实际绘图时可按实际情况以便于理解的尺寸进行绘制，图形符号的布置一般为水平或垂直位置。

绘制电气图时，连接线一般应采用实线，且尽量减少不必要的连接线，避免线条的交叉和弯折。对有直接电联系的交叉线的连接点，应用小黑圆点表示；无直接电联系的交叉跨越导线则不画小黑圆点，如图 1-33 所示。

三相异步电动机点动正转控制电路如图 1-22a 所示。电源电路用细实线画成水平线，代表三相交流电源的相序符号 L1、L2、L3 自上而下依次标在电源线的左端。电能由三相交流电源引入控制电路。流过电动机的工作电流较大，称为主电路，应垂直于电源电路画出。电路图中的各个接点用字母或数字编号，主电

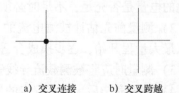

a) 交叉连接　　b) 交叉跨越

图 1-33　连接线的交叉连接与交叉跨越

路从电源开始，经电源开关或熔断器的出线端按相序依次编号为 U11、V11、W11。单台三

相交流电动机（或设备）的3根引出线，按相序依次编号为U、V、W。

五、电气原理图

电气原理图是根据生产机械运动形式对电气控制系统的要求，采用国家统一规定的电气符号，按照电气设备和电器的工作顺序排列，全面表示控制装置、电路基本组成和连接关系而不考虑实际位置的一种简图。

电气原理图（简称电路图）能充分表达电气设备和电器的用途、作用和电路的工作原理，是电气线路安装、调试和维修的依据。

电气原理图一般分电源电路、主电路和辅助电路三部分。

1）电源电路。画成水平线，三相交流电源相序L1、L2、L3自上而下依次画出，如有中性线N和保护地线PE，应画在相线之下。直流电源自上而下画"+"和"-"。电源开关要水平画出。

2）主电路。通过的电流比较大，是电源向负载提供电能的电路。它主要由熔断器、接触器的主触点、热继电器的热元件以及电动机等组成。

3）辅助电路。包括控制主电路工作状态的控制电路、显示主电路工作状态的指示电路、提供机床设备局部照明的照明电路等。一般由主令电器的触点、接触器线圈和辅助触点、继电器线圈和触点、指示灯及照明灯等组成。辅助电路通过的电流都较小，一般小于或等于5A。

画辅助电路图时，一般按照控制电路、指示电路和照明电路的顺序依次垂直画在主电路图的右侧，并且电路中与下边电源线相连的耗能元件（如接触器和继电器的线圈、指示灯、照明灯等）要画在电路图的下方，而电器的触点要画在能耗元件与上边电源线之间。为读图方便，一般应按照自左至右、自上而下的排列来表示操作顺序。

绘制、识读电气原理图时应遵循以下原则。

1）电路图中主电路绘于图的左侧，用粗实线绘制；辅助电路画在图的右侧，用细实线绘制。

2）电路图中，各电器元件必须采用国家统一规定的电气符号进行绘制和标注。

3）各电器的触点位置都按电路未通电或电器未受外力作用时的状态位置画出。

4）同一电器的各部件按其在电路中所起的作用分画在不同电路中，但它们的动作却是相互关联的，因此必须标注相同的文字符号。若图中相同的电器较多时，需要在电器文字符号后面加注不同的数字以示区别，如KM1、KM2等。

5）电路图采用电路编号法，即对电路中的各个接点用字母或数字编号。

① 主电路在电源开关的出线端按相序依次编号为U11、V11、W11。然后按从上至下、从左至右的顺序，每经过一个电器元件后，编号要递增，如U12、V12、W12、U13、V13、W13等。单台三相交流电动机（或设备）的3根引出线按相序依次编号为U、V、W。对于多台电动机引出线的编号，为了不致引起误解和混淆，可在字母前用不同的数字加以区别，如1U、1V、1W、2U、2V、2W等。

② 辅助电路编号按"等电位"原则从上至下、从左至右的顺序用数字依次编号，每经过一个电器元件，编号要依次递增。控制电路编号的起始数字必须是1，其他辅助电路编号的起始数字依次递增100，如照明电路编号从101开始，指示电路编号从201开始等。

六、电器布置图

电器布置图主要是用来表明电器元件在控制板上的实际安装位置，采用简化的外形符号（如正方形、矩形、圆形等）绘制的一种简图。图中各电器的文字符号必须与电路图和接线图的标注相一致。

绘制、识读电器布置图应遵循以下原则。

1）体积较大或较重的电器元件应安装在控制板的下面，而发热元件应安装在控制板的上面。

2）强电和弱电分开，并注意屏蔽，以防止外界干扰。

3）电器元件布置应考虑整齐、美观、对称。同类型的电器元件安放在一起，以利于安装和配线。

4）需要经常性维护、调整的电器元件安装位置不宜过高或过低。

5）电器元件布置不宜过密，若采用板前走线槽配线方式，应适当加大各排电器间距，以利于布线和维护。

七、电气接线图

电气接线图是根据电气设备和电器元件的实际位置绘制的实际接线图，主要用于安装接线、电路的检查维修和故障处理。

绘制、识读电气接线图应遵循以下原则。

1）各电气设备和电器元件都按其所在的实际位置绘制在图样上，且同一电器的各部件根据其实际结构，使用与电路图相同的图形符号画在一起，并用点画线框上，其文字符号以及接线端子的编号应与电路图中的标注一致，以便于检查接线。

2）接线图中的导线有单根导线、导线组（或线扎）、电缆等，可用连续线和中断线来表示。凡导线走向相同的可以合并用线束来表示，到达接线端子板或电器元件的连接点时再分别画出。在用线束表示导线、电缆等时可用加粗的线条表示，在不致引起误解的情况下也可采用部分加粗。另外，导线及管子的型号、根数和规格应标注清楚。

3）不同控制柜或配电屏上电器元件的电气连接必须通过端子排进行连接，其编号应与原理图一致。

在实际工作中，电路图、布置图和接线图要结合起来使用。

理论知识试题精选

一、选择题

1. 电气技术中文字符号由（　　）组成。
   A. 基本文字符号和一般符号　　　　B. 一般符号和辅助文字符号
   C. 一般符号和限定符号　　　　　　D. 基本文字符号和辅助文字符号

2. 同一电器的各元件在电路图和接线图中使用的图形符号、文字符号要（　　）。
   A. 基本相同　　B. 基本不同　　C. 完全相同　　D. 没有要求

3. 电路图中，各电器的触点位置都按电路的（　　）状态位置画出。
   A. 通电　　B. 未通电　　C. 受外力　　D. 工作

4. 低压电器因其用于电路电压为（　　），故称为低压电器。

A. 交流 50Hz 或 60Hz，额定电压 1200V 及以下，直流额定电压 1500V 及以下

B. 交直流电压 1200V 及以上

C. 交直流电压 500V 及以下

D. 交直流电压 3000V 及以下

5. 熔断器的额定电流是指（　　）电流。

A. 熔体额定

B. 熔管额定

C. 其本身的载流部分和接触部分发热所允许通过的

D. 保护电气设备的额定

6. 熔断器的额定电流应（　　）所装熔体的额定电流。

 A. 大于　　　　B. 大于或等于　　　C. 小于　　　　D. 小于或等于

7. 熔断器在低压配电系统和电力拖动系统中主要起（　　）保护作用，因此熔断器属于保护电器。

 A. 轻度过载　　B. 短路　　　　C. 失电压　　　　D. 欠电压

8. 电动机控制电路中，最常用的短路保护电器是（　　）。

 A. 熔断器　　　B. 断路器　　　C. 热继电器　　　D. 接触器

9. 欲控制功率为 3kW 三相异步电动机通断，若选脱扣器额定电流 I_n = 6.5A、型号 DZ5—20/330 断路器进行控制，（　　）安装熔断器作为短路保护。

 A. 需要　　　　B. 不需要　　　C. 可装也可不　　D. 视环境确定是否

10. 选择绝缘电阻表的原则是（　　）。

A. 绝缘电阻表额定电压要大于被测设备的工作电压

B. 一般选择 1000V 的绝缘电阻表

C. 选用准确度高、灵敏度高的绝缘电阻表可装也可不装

D. 绝缘电阻表测量范围与被测绝缘电阻的范围相适应

11. 测量额定电压 500V 以上的直流电动机的绝缘电阻时，应使用（　　）绝缘电阻表。

 A. 500V　　　　B. 1000V　　　C. 2500V　　　　D. 3000V

12. 电工钳、电工刀、螺钉旋具属于（　　）。

 A. 电工基本安全用具　　　　　B. 电工辅助安全用具

 C. 电工基本工具　　　　　　　D. 一般防护安全用具

13. 螺旋式熔断器在电路中的正确装接方法是（　　）。

A. 电源线应接在熔断器的上接线座，负载线应接在下接线座

B. 电源线应接在熔断器的下接线座，负载线应接在上接线座

C. 没有固定规律，可随意连接

D. 电源线应接瓷座，负载线应接瓷帽

14. 断路器的脱扣器一般没有（　　）脱扣器。

 A. 电流　　　　B. 热　　　　　C. 电压　　　　　D. 漏电

15. 电力拖动电气原理图识读步骤的第一步是（　　）。

 A. 看用电器　　B. 看电源　　　C. 看电气控制元件　D. 看辅助电器

16. 阅读电气安装图的主电路时，要按（　　）顺序。
    A. 从下到上　　B. 从上到下　　C. 从左到右　　D. 从前到后
17. 电工以电气原理图、（　　）和平面布置图最为重要。
    A. 配线方式图　　B. 安装接线图　　C. 接线方式图　　D. 组件位置图
18. 主电路的编号在电源开关的出线端按相序依次为（　　）。
    A. U、V、W　　B. U11、V11、W11　　C. U1、V1、W1　　D. L1、L2、L3
19. 按钮作为主令电器，当用作停止按钮时，其前面颜色应选（　　）色。
    A. 绿　　B. 黄　　C. 白　　D. 红
20. 交流接触器的基本构造由（　　）组成。
    A. 操作手柄、动触刀、静插座、进线座、出线座和绝缘底板
    B. 主触点、辅助触点、灭弧装置、脱扣装置、保护装置、动作机构
    C. 电磁机构、触点系统、灭弧装置、辅助部件
    D. 电磁机构、触点系统、辅助部件、外壳
21. 交流接触器在检修时，若发现短路环损坏，该接触器（　　）使用。
    A. 能继续　　B. 不能继续　　C. 在额定电流下可以　　D. 不影响
22. 交流接触器的铁心端面安装短路环的目的是（　　）。
    A. 减缓铁心冲击　　B. 减少铁磁损耗　　C. 减少铁心振动　　D. 增大铁心磁通
23. 当交流接触器线圈工作电压在（　　）%U_N以下时，交流接触器动铁心应释放，主触点自动打开切断电路，起欠电压保护作用。
    A. 85　　B. 50　　C. 30　　D. 90
24. 接触器的额定电压是指（　　）的额定电压。
    A. 电源　　B. 线圈　　C. 主触点　　D. 负载
25. 交流接触器一般不采用（　　）灭弧装置。
    A. 桥式结构双断口触点　　B. 金属栅片式
    C. 磁吹式　　D. 窄缝式
26. 下列电器属于主令电器的是（　　）。
    A. 刀开关　　B. 接触器　　C. 熔断器　　D. 按钮
27. 按下按钮电动机得电运行，松开按钮电动机失电停转的控制方法，称为（　　）。
    A. 点动控制　　B. 连续运转　　C. 正反转控制　　D. 点动与连续运转

二、判断题

（　　）1. 低压断路器是一种控制电器。
（　　）2. 熔断器熔体额定电流允许在超过熔断器额定电流情况下使用。
（　　）3. 绝缘电阻表在使用前应先调零。
（　　）4. 熔体的熔断时间与流过熔体的电流大小成反比。
（　　）5. 安装接线图只表示电器元件的安装位置、实际配线方式等，而不明确表示电路的原理和电器元件的控制关系。
（　　）6. 同一张电气图只能选用一种图形形式，图形符号的线条和粗细应基本一致。
（　　）7. 分析电气图可按布局顺序从左到右、自上到下逐级分析。
（　　）8. 安装控制电路时，对导线的颜色没有要求。

（　　）9. 交流接触器的线圈电压过高或过低都会造成线圈过热。

（　　）10. 交流接触器线圈一般做成薄而长的圆筒状，且不设骨架。

操作技能试题精选

试题：用绝缘电阻表测量三相异步电动机定子绕组相间绝缘电阻及相对地绝缘电阻，并将三相异步电动机接成Y联结或△联结。用钳形电流表测量三相异步电动机的三相空载电流。

考核要求：

1. 检查仪表是否完好。

2. 测量过程准确无误。

3. 测量结果在允许误差范围之内。

4. 对使用的仪表进行简单的维护与保养。

5. 安全文明操作。

6. 操作时间：10min。

三相异步电动机的测量操作评分见表1-3。

表1-3　三相异步电动机的测量操作评分

项目内容	配分	评分标准	扣分	得分
测量准备	10 分	1. 检查仪表方法不正确，扣 5 分 2. 漏检一项，扣 2 分		
测量过程	40 分	1. 缺少一个操作步骤，扣 5 分 2. 测量方法不正确，每次扣 5 分 3. 不能正确进行电动机接线，扣 15 分 4. 接点松动、露铜过长、反圈等，每个扣 2 分 5. 漏接接地线，扣 5 分		
测量结果	30 分	1. 测量结果有较大误差，扣 15 分 2. 测量结果严重偏离实际值，扣 30 分		
维护保养	10 分	维护保养有误，扣 10 分		
安全文明操作	10 分	违反安全操作规程，每次扣 5 分		

任务1-2　三相异步电动机接触器自锁正转控制电路的安装调试

知识目标

♪ 了解热继电器的基本知识。

♪ 了解接触器自锁正转控制电路的组成、工作原理。

♪ 了解异地控制电路的组成、工作原理。

技能目标

♪ 掌握热继电器的识别与检测。

♪ 正确进行接触器自锁正转控制电路的安装、调试操作。

电力拖动基本控制线路（任务驱动模式）

*任务描述

本任务主要学习热继电器的选用与检测方法，并能够正确安装和调试接触器自锁正转控制电路。接触器自锁正转控制电路如图 1-34 所示。

a）控制电路

b）电动机实物

视频 9

图 1-34　接触器自锁正转控制电路和电动机实物

*任务分析

当要求电动机起动后能连续运转时，采用点动正转控制电路显然是不能满足要求的。为实现电动机的连续运转，可采用接触器自锁正转控制电路。这种控制方法常用于钻床主轴电动机控制。图 1-35 所示为 Z3050 型摇臂钻床。

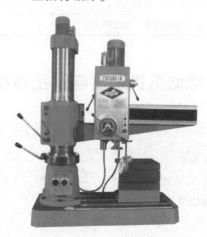

图 1-35　Z3050 型摇臂钻床

*相关知识

一、热继电器

热继电器与接触器配合使用，主要用于电动机的过载保护和断相保护。热继电器是一种利用电流热效应原理工作的自动保护电器，具有延时动作时间随通过电路电流的增加而缩短的反时限动作特性。

热继电器的种类很多，其中双金属片式应用最多。图 1-36 所示为常用的热继电器。

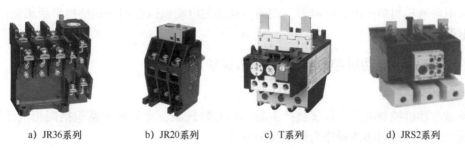

a) JR36系列　　b) JR20系列　　c) T系列　　d) JRS2系列

图 1-36　常用的热继电器

1. 热继电器的结构与符号

热继电器主要由热元件、传动机构、触点系统、电流整定装置、复位机构等组成。热元件包括双金属片和绕在外面的电阻丝。当电动机过载时，流过电阻丝的电流超过热继电器的整定电流，电阻丝发热增多，温度升高，热膨胀系数不同的双金属片向右弯曲，通过传动机构推动常闭触点断开，分断控制电路，再通过接触器切断主电路，实现对电动机的过载保护。热继电器的结构与符号如图 1-37 所示。

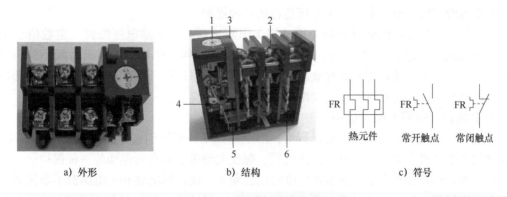

a) 外形　　　　　　b) 结构　　　　　　c) 符号

图 1-37　热继电器结构与符号

1—电流整定装置　2—主电路接线柱　3—复位按钮　4—常闭触点　5—传动机构　6—热元件

2. 热继电器的型号及含义

热继电器的型号及含义如图 1-38 所示。

3. 热继电器的选择

1）对于不频繁起动、连续运行的电动机，可按电动机的额定电流选择热继电器的规格。一般应使热继电器的额定电流略大于电动机的额定电流。

2）根据需要的整定电流值选择热元件的电流等级。一般情况下，热元件的整定电流应为电动机额定电流的 0.95～1.05 倍。

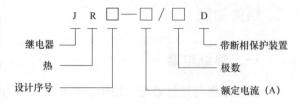

图 1-38 热继电器的型号及含义

3）根据电动机定子绕组的连接方式选择热继电器的结构形式，即定子绕组作 Y 联结的电动机选用普通三相结构的热继电器，而作 △ 联结的电动机应选用三相结构带断相保护装置的热继电器。

二、三相异步电动机控制电路的基本保护

1. 短路保护

短路是电动机控制电路中危害最严重的一种故障现象，常见的短路包括两相电源短路、单相接地短路等，常用熔断器作为短路保护电器。

2. 过载保护

电动机在运行过程中，如果长期负载过大、频繁起动、断相运行等，可能使电动机定子绕组的电流增大，超过其额定值。在这种情况下，熔断器往往并不熔断，从而引起电动机定子绕组过热。若温度超过允许温升，就会造成绝缘结构损坏，缩短电动机的使用寿命，严重时甚至会烧毁电动机的定子绕组。因此，对电动机必须采取过载保护措施，最常用的过载保护电器是热继电器。

3. 欠电压保护

欠电压保护是指当电路电压低于电动机的额定电压，并且下降到一定数值时，电动机能自动脱离电源停转，避免电动机欠电压运行的一种保护。

接触器自锁控制电路就可以避免电动机欠电压运行。当线路电压降到一定数值（一般低于接触器线圈额定电压 85%）时，接触器线圈磁通减弱，产生的电磁吸力减小到小于反作用弹簧的拉力时，动铁心被迫释放，主触点和自锁触点同时分断，自动切断主电路和控制电路，电动机失电停止运行，达到欠电压保护的目的。

4. 失电压（或零电压）保护

失电压保护是指电动机在正常运行中，由于外界某种原因引起电路突然断电的情况下，能自动切断电动机电源；当电路重新供电后，保证电动机不能自行起动的一种保护。

接触器自锁触点和主触点在电源断电时已经断开，使控制电路和主电路都不能接通，所以在电源恢复供电时，电动机就不会自行起动运行，保证了人身和设备的安全。

*任务准备

一、识读电气图

接触器自锁正转控制电路如图 1-39 所示。

单元1 电动机基本控制电路

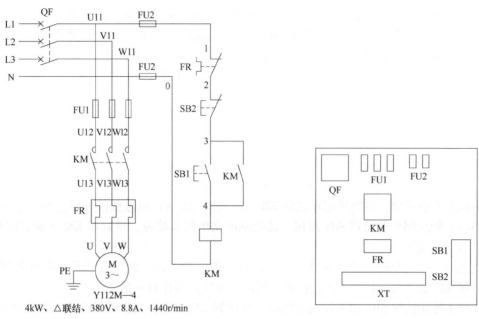

a) 电路图   b) 布置图

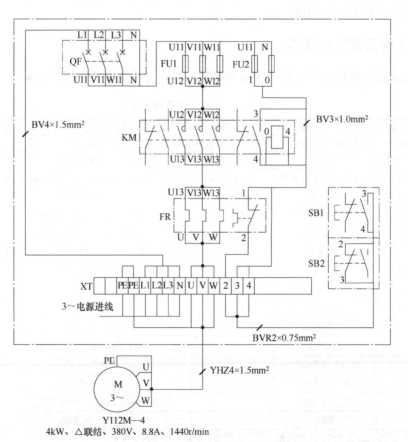

c) 接线图

图1-39 接触器自锁正转控制电路

由图1-39a可见，主电路增加了热继电器的热元件，控制电路中串接了热继电器的常闭触点FR和停止按钮SB2，在起动按钮SB1的两端并联了KM的一对常开辅助触点形成自锁控制，因此该电路称为接触器自锁正转控制电路。

如图1-39a所示，合上电源开关QF，控制电路的工作原理如下。

1）起动：

按下SB1→KM线圈得电 ┬→KM主触点闭合→电动机M起动连续运行。
　　　　　　　　　　└→KM（3-4）辅助触点闭合，形成自锁。

2）停止：

按下SB2→KM线圈失电 ┬→KM主触点分断→电动机M失电停转。
　　　　　　　　　　└→KM（3-4）辅助触点分断，解除自锁。

由以上分析可知，当松开起动按钮SB1后，SB1（3-4）触点虽然恢复分断，但接触器KM（3-4）触点闭合时已将SB1短接，使控制电路仍保持接通，接触器KM线圈持续得电，电动机M连续运行。

当起动按钮松开后，接触器通过自身的辅助常开触点使其线圈保持得电的作用叫作自锁。与起动按钮并联起自锁作用的接触器辅助常开触点叫作自锁触点。

在按下停止按钮SB2切断控制电路时，接触器KM失电，其自锁触点分断解除自锁，而SB1也是分断的，所以当松开SB2时，其常闭触点恢复闭合后，接触器也不会自行得电，电动机也就不会自行重新起动运行。

二、准备元器件和材料

根据电动机的规格选配工具、仪表和器材，并进行质量检验，见表1-4。

表1-4 工具、仪表和器材

工具	验电器、螺钉旋具、尖嘴钳、斜口钳、剥线钳、电工刀等电工常用工具			
仪表	ZC25—3型绝缘电阻表（500V）、DM3218A型钳形电流表、MF47型万用表			
	代号	名称	型号	规格	数量
器材	M	三相笼型异步电动机	Y112M—4	4kW、380V、8.8A、△联结、1440r/min	1
	QF	断路器	DZ47—32	380V、32A	1
	FU1	有填料式熔断器	RT18—32/20	380V、32A、配熔体20A	3
	FU2	有填料式熔断器	RT18—32/5	380V、32A、配熔体5A	2
	FR	热继电器	JR36—20	三极、20A、热元件11A、整定电流8.8A	1
	KM	交流接触器	CJX2—0910	线圈电压220V	1
	SB1、SB2	按钮	LA4—2H	保护式	2
	XT	端子板	TD—AZ1	660V、20A	1
		控制板		600mm×700mm	1
		主电路塑铜线		BV1.5mm² 和 YHZ1.5mm²	若干
		控制电路塑铜线		BV1.0mm²	若干
		按钮塑铜线		BVR0.75mm²	若干
		接地塑铜线		YHZ1.5mm²（黄绿双色）	若干
		螺钉		φ5mm×20mm	若干
质检要求	（1）根据电动机规格，检验选配的工具、仪表、器材等是否满足要求 （2）电器元件外观应完整无损，附件、备件齐全 （3）用万用表、绝缘电阻表检测电器元件及电动机的技术数据是否符合要求				

*任务实施

安装注意事项如下。

1）接触器 KM 的自锁触点应并联在起动按钮 SB1 两端，停止按钮 SB2 应串联在控制电路中；热继电器 FR 的热元件应串联在主电路中，其常闭触点应串联在控制电路中。

2）在按钮内接线时，用力不可过猛，以防螺钉打滑。

3）热继电器的整定电流应按电动机的额定电流自行调整，绝对不允许弯折双金属片。

4）热继电器因电动机过载动作后，若需再次起动电动机，必须待热元件冷却并且热继电器复位后才可进行。

5）起动电动机时，在按下起动按钮 SB1 的同时，右手必须按在停止按钮 SB2 上，以保证万一出现故障时，可立即按下 SB2 按钮停机，防止事故的扩大。

*检查评价

检查评价见表 1-2。

*知识拓展

电动机的异地控制是指能在两地或多地控制同一台电动机的控制方式，常用于 X6132 型万能铣床的主轴电动机的控制。两地控制的接触器自锁正转控制电路如图 1-40 所示。其中，SB11、SB12 为安装在甲地的起动、停止按钮；SB21、SB22 为安装在乙地的起动、停止按钮。电路的特点是：两地的起动按钮 SB11、SB21 要并联在一起；停止按钮 SB12、SB22 要串联在一起。对三地或多地控制，只要把各地的起动按钮并联、停止按钮串联就可以实现。

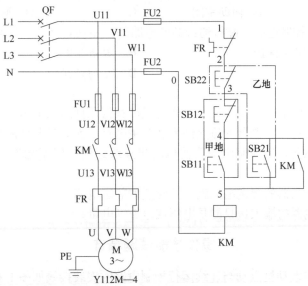

图 1-40 两地控制电路

理论知识试题精选

一、选择题

1. 一般热继电器的热元件按电动机额定电流来选择电流等级,其整定值为(　　) I_N。
   A. 0.3~0.5　　B. 0.95~1.05　　C. 1.2~1.3　　D. 1.3~1.4
2. 热继电器中的双金属片弯曲是由于(　　)。
   A. 机械强度不同　　B. 热膨胀系数不同　　C. 温差不同　　D. 受外力的作用
3. 三相交流异步电动机,应选择低压电器(　　)作为过载保护。
   A. 热继电器　　B. 过电流继电器　　C. 熔断器　　D. 断路器
4. 热继电器在电动机控制电路中不能作(　　)。
   A. 短路保护　　B. 过载保护　　C. 断相保护　　D. 电流不平衡运行保护
5. 热继电器是利用电流(　　)来推动动作机构使触点系统闭合或分断的保护电器。
   A. 热效应　　B. 磁效应　　C. 机械效应　　D. 化学效应
6. 热继电器的常闭触点串联在(　　)。
   A. 控制电路中　　B. 主电路中　　C. 保护电路中　　D. 照明电路中
7. 对于三相笼型异步电动机的多地控制,必须将多个起动按钮并联,多个停止按钮(　　),才能达到要求。
   A. 串联　　B. 并联　　C. 自锁　　D. 混联
8. 使电动机在松开起动按钮后,也能保持连续运转的控制电路,是(　　)。
   A. 点动控制电路　　　　　　　　B. 接触器自锁控制电路
   C. 接触器互锁控制电路　　　　　D. 接触器联锁控制电路
9. 自锁是通过接触器自身的(　　)触点,使线圈保持得电的作用,并与起动按钮并联。
   A. 辅助常开　　B. 辅助常闭　　C. 主　　D. 联锁
10. 接触器自锁控制电路,除接通或断开电路外,还具有(　　)功能。
    A. 失电压和欠电压保护　　　　　B. 短路保护
    C. 过载保护　　　　　　　　　　D. 零励磁保护

二、判断题

(　　) 1. 热继电器的主双金属片与作为温度补偿元件的双金属片,其弯曲方向相反。
(　　) 2. 只要将热继电器的热元件串联在主电路中就能对电动机起到过载保护作用。
(　　) 3. 接触器自锁控制电路能使电动机连续运转,但不能作为欠电压和失电压保护用。
(　　) 4. 热继电器的额定电流就是其触点的额定电流。
(　　) 5. 继电器的输入量只能是电压或电流等电量。

操作技能试题精选

试题:三相异步电动机点动与连续运行控制电路的安装接线如图1-41所示。
考核要求:
1. 按图1-41正确使用工具和仪表进行熟练的安装与接线。
2. 安装接线时应采用板前明配线方式。

3. 电源和电动机配线、按钮接线要接到端子排上，要注明引出端子的标号。
4. 安全文明操作。
5. 操作时间：60min。

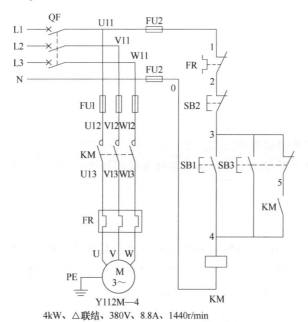

图 1-41 三相异步电动机点动与连续运行控制电路

三相异步电动机控制电路的安装接线评分见表 1-5。

表 1-5 三相异步电动机控制电路的安装接线评分

项目内容	配分	评分标准	扣分	得分
安装前检查	5 分	1. 电动机质量漏检，扣 2 分 2. 电器元件漏检或错检，每个扣 1 分		
安装元器件	15 分	1. 不按布置图安装，扣 15 分 2. 元器件安装不牢固，每只扣 4 分 3. 元器件安装不整齐、不匀称、不合理，每只扣 3 分 4. 损坏元器件，扣 15 分		
布线	40 分	1. 不按电路图接线，扣 20 分 2. 布线不符合要求，每根扣 3 分 3. 接点松动、露铜过长、反圈等，每个扣 1 分 4. 损伤导线绝缘层或线芯，每根扣 5 分 5. 漏接接地线，扣 10 分		
通电试运行	30 分	1. 熔体规格选择不当，扣 5 分 2. 第一次试运行不成功，扣 10 分 3. 第二次试运行不成功，扣 20 分 4. 第三次试运行不成功，扣 30 分		
安全文明操作	10 分	违反安全操作规程，每次扣 5 分		
操作时间		每超时 5min 扣 10 分		
合计				

任务1-3 三相异步电动机正反转控制电路的安装调试

知识目标
- ♪ 了解接触器联锁和按钮联锁的基本知识。
- ♪ 了解电动机正反转控制电路的组成、工作原理。
- ♪ 了解倒顺开关的基本知识。

技能目标
- ♪ 掌握倒顺开关的识别与检测。
- ♪ 正确进行双重联锁正反转控制电路的安装、调试。

*任务描述

本任务主要学习电动机正反转控制的实现方法和双重联锁正反转控制电路的特点，并能够正确安装和调试双重联锁正反转控制电路。双重联锁正反转控制电路如图1-42所示，通过利用两台接触器的主触点来对调任意两相电源相序，实现电动机的正反转控制运行。

a) 控制电路

b) 电动机实物

图1-42 双重联锁正反转控制电路和电动机实物

视频10

视频11

*任务分析

正转控制电路只能使电动机向一个方向旋转，带动生产机械的运动部件向一个方向运动。要满足生产机械能向正、反两个方向运动，就要求电动机能实现正反转控制。

常用的正反转控制电路包括倒顺开关正反转控制电路、接触器联锁正反转控制电路、按钮联锁正反转控制电路和双重联锁正反转控制电路，各种控制电路的电路结构、特点和适用场合不同。

如图 1-43 所示，当改变通入电动机定子绕组的三相电源相序，即把接入电动机三相电源进线中的任意两相接线对调时，电动机就可以实现反转。

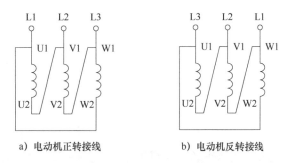

a) 电动机正转接线　　　　b) 电动机反转接线

图 1-43　电动机正反转控制原理

正反转控制电路常用于铣床工作台进给电动机控制，如图 1-44 所示。

图 1-44　铣床工作台

*相关知识

一、接触器联锁正反转控制电路

接触器联锁正反转控制电路如图 1-45 所示。电路中采用了两个接触器，即控制电动机正转的接触器 KM1 和控制电动机反转的接触器 KM2，分别由正转起动按钮 SB1 和反转起动按钮 SB2 控制。从主电路中可以看出，这两个接触器的主触点所接通的电源相序不同，KM1 按 L1-L2-L3 相序接线，KM2 则按 L3-L2-L1 相序接线。相应的控制电路有两条：一条是由 SB1 和 KM1 线圈等组成的正转控制电路；另一条是由 SB2 和 KM2 线圈等组成的反转控制电路。

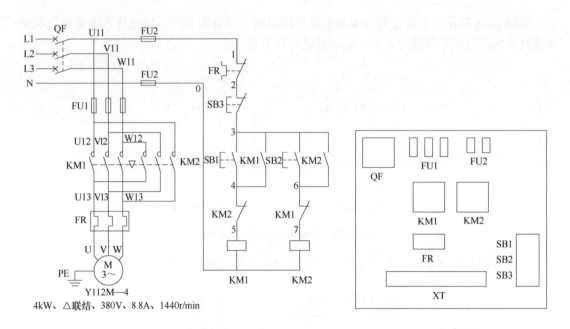

a) 电路图　　　　　　　　　　　　　b) 布置图

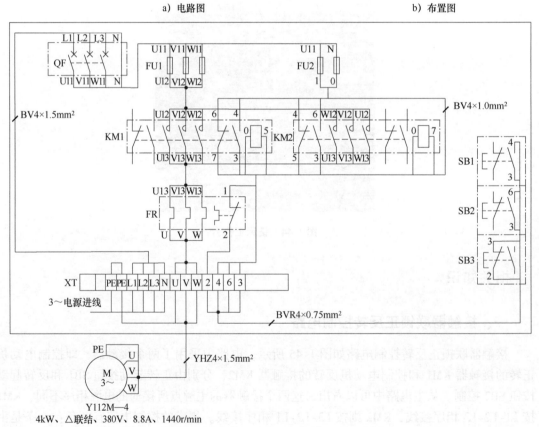

c) 接线图

图1-45　接触器联锁正反转控制电路

如图 1-45a 所示，接触器联锁正反转控制电路的工作原理如下。

首先合上电源开关 QF。

1）正转控制：

按下SB1→SB1（3-4）闭合→KM1线圈得电┬→KM1（6-7）分断，对KM2联锁。
　　　　　　　　　　　　　　　　　　├→KM1（3-4）闭合自锁。
　　　　　　　　　　　　　　　　　　└→KM1主触点闭合→电动机M起动连续正转。

2）反转控制：

按下SB3→KM1线圈失电→KM1触点恢复初始状态→电动机M失电停止运行。

按下SB2→SB2（3-6）闭合→KM2线圈得电┬→KM2（4-5）分断，对KM1联锁。
　　　　　　　　　　　　　　　　　　├→KM2（3-6）闭合自锁。
　　　　　　　　　　　　　　　　　　└→KM2主触点闭合→电动机M起动连续反转。

若要停止，按下 SB3 按钮，整个控制电路失电，主触点分断，电动机 M 失电停止运行。

在接触器联锁正反转控制电路中，接触器 KM1 和 KM2 的主触点绝不允许同时闭合；否则将造成两相电源（L1 相和 L3 相）短路事故。为了避免两个接触器 KM1 和 KM2 同时得电动作，在 KM1 和 KM2 线圈电路中分别串接了对方的一对辅助常闭触点。这样，当一个接触器得电动作时，通过其辅助常闭触点使另一个接触器不能得电动作。接触器之间这种相互制约的作用叫作接触器联锁（或互锁）。实现联锁作用的辅助常闭触点称为联锁触点（或互锁触点），联锁用符号"▽"表示。

在接触器联锁正反转控制电路中，电动机从正转变为反转时，必须先按下停止按钮后，才能按反转起动按钮；否则由于接触器的联锁作用，电动机不能实现反转。因此，虽然这种电路工作安全可靠，但操作不方便。

二、双重联锁正反转控制电路

按钮、接触器双重联锁正反转控制电路克服了接触器联锁正反转控制电路的缺点，是机械加工生产设备上常用的一种控制电路。

按钮、接触器双重联锁正反转控制电路如图 1-46 所示，把正反转按钮换成两个复合按钮，并把两个复合按钮的常闭触点也串接在对方的控制电路中，使得电路操作方便、工作安全可靠。

当操作按钮时，按钮的常闭触点先分断，断开对方的控制电路，对方的接触器失电；其按钮的常开触点后闭合，接通自身的控制电路，使自身的接触器得电。这种按钮间的相互制约作用叫作按钮联锁。

*任务准备

一、识读电气图

如图 1-46a 所示，双重联锁正反转控制电路的工作原理叙述如下。

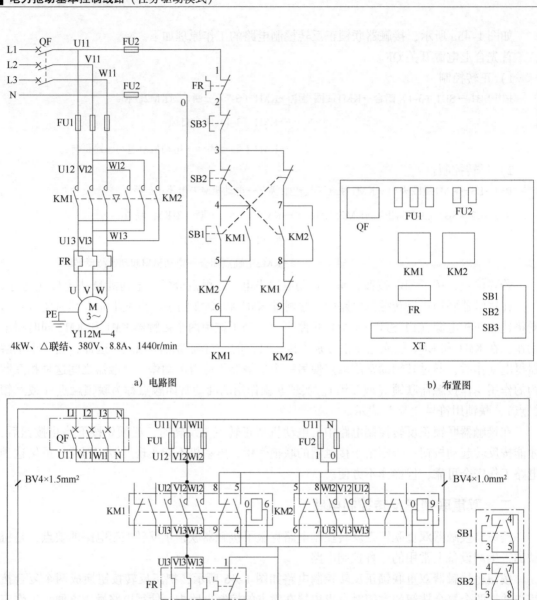

图1-46 按钮、接触器双重联锁正反转控制电路

单元 1 电动机基本控制电路

首先合上电源开关 QF。

1) 正转控制：

按下 SB1 ┬ SB1（3-7）断开，对 KM2 联锁。
　　　　└ SB1（4-5）闭合 → KM1 线圈得电 ┬ KM1（8-9）分断，对 KM2 联锁。
　　　　　　　　　　　　　　　　　　　　├ KM1（4-5）闭合自锁。
　　　　　　　　　　　　　　　　　　　　└ KM1 主触点闭合 → 电动机 M 正向起动并连续运行。

2) 反转控制：

按下 SB2 ┬ SB2（3-4）断开 → KM1 线圈断电，触点复位 → 电动机 M 断电惯性运转。
　　　　└ SB2（7-8）闭合 → KM2 线圈得电 ┬ KM2（5-6）分断，对 KM1 联锁。
　　　　　　　　　　　　　　　　　　　　├ KM2（7-8）闭合自锁。
　　　　　　　　　　　　　　　　　　　　└ KM2 主触点闭合 → 电动机 M 反向起动并连续运行。

若要停止，按下 SB3 按钮，整个控制电路失电，KM1 或 KM2 主触点分断，电动机 M 失电停转。

二、准备元器件和材料

根据电动机的规格选配工具、仪表和器材，并进行质量检验，见表 1-6。

表 1-6 工具、仪表和器材

	代号	名称	型号	规格	数量
工具	验电器、螺钉旋具、尖嘴钳、斜口钳、剥线钳、电工刀等电工常用工具					
仪表	ZC25—3 型绝缘电阻表（500V）、DM3218A 型钳形电流表、MF47 型万用表					
器材	M	三相笼型异步电动机	Y112M—4	4kW、380V、8.8A、△联结、1440r/min	1
	QF	断路器	DZ47—32	380V、32A	1
	FU1	有填料式熔断器	RT18—32/20	380V、32A、配熔体 20A	3
	FU2	有填料式熔断器	RT18—32/5	380V、32A、配熔体 5A	2
	FR	热继电器	JR36—20	三极、20A、热元件 11A、整定电流 8.8A	1
	KM1、KM2	交流接触器	CJX2—0910	线圈电压 220V	2
	SB1、SB2、SB3	按钮	LA4—3H	保护式	3
	XT	端子板	TD—AZ1	660V、20A	1
		控制板		600mm×700mm	1
		主电路塑铜线		BV1.5mm² 和 YHZ1.5mm²	若干
		控制电路塑铜线		BV1.0mm²	若干
		按钮塑铜线		BVR0.75mm²	若干
		接地塑铜线		YHZ1.5mm²（黄绿双色）	若干
		螺钉		φ5mm×20mm	若干
质检要求	(1) 根据电动机规格，检验选配的工具、仪表、器材等是否满足要求 (2) 电器元件外观应完整无损，附件、备件齐全 (3) 用万用表、绝缘电阻表检测电器元件及电动机的技术数据是否符合要求					

*任务实施

安装步骤及工艺要求如前所述,安装注意事项如下。

1) 接触器联锁触点接线必须正确;否则将会造成主电路中两相电源短路。

2) 通电试运行时,应先合上 QF,再按下 SB1(或 SB2)及 SB3,观察电动机运行是否正常,并在按下 SB1 按钮后再按下 SB2 按钮,则按钮联锁。

*检查评价

检查评价见表 1-2。

*知识拓展

视频 12

一、倒顺开关正反转控制电路

倒顺开关是专为控制小功率三相异步电动机的正反转而设计生产的一种组合开关,也称为可逆转换开关,如图 1-47a 所示。倒顺开关的手柄有"倒""停""顺"3 个位置,手柄只能从"停"位置左转 45°或右转 45°,其电气符号如图 1-47b 所示。

倒顺开关正反转控制电路如图 1-48 所示。X6132 型万能铣床主轴电动机的正反转控制就是采用倒顺开关实现的。

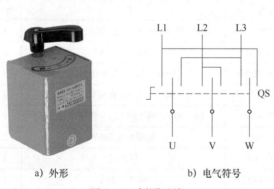

图 1-47 倒顺开关
a) 外形　　b) 电气符号

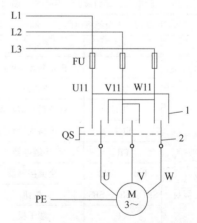

图 1-48 倒顺开关正反转控制电路
1—静触点　2—动触点

该控制电路的工作原理是:倒顺开关 QS 的手柄处于"停"位置时,动、静触点不接触,电路不通,电动机不运转;手柄扳至"顺"位置时,动触点和左侧的静触点相接触,电路按 L1-U、L2-V、L3-W 次序依次接通,电动机正转;手柄扳至"倒"位置时,动触点和右侧的静触点相接触,电路按 L1-W、L2-V、L3-U 次序依次接通,电动机反转。

必须注意的是,当电动机处于正转状态时,要使它反转,应先把手柄扳到"停"的位置,使电动机先停转,然后再把手柄扳到"倒"的位置,使它反转。若直接把手柄由"顺"扳至"倒"的位置,电动机的定子绕组会由于电源突然反接而产生很大的电流,易使电动机定子绕组因过热而损坏。

倒顺开关正反转控制电路是一种手动控制电路，所用元器件较少，电路较简单。在频繁换向时，操作人员劳动强度大，操作不安全，所以这种电路一般用于控制额定电流10A、功率在3kW及以下的小功率电动机。

二、故障检修的一般步骤

1）用试验法观察故障现象，初步判定故障范围。在不扩大故障范围、不损坏电气设备和机械设备的前提下，对电路进行通电试验。通过观察电气设备和电器元件的动作是否正常、各控制环节的动作程序是否符合要求，初步确定故障发生的大概位置。

2）用逻辑分析法缩小故障范围。根据电气控制电路的工作原理、控制环节的动作程序以及它们之间的联系，结合故障现象作具体的分析，缩小故障范围，特别适用于对复杂电路的故障检查。

3）用测量法确定故障点。利用电工工具和仪表对电路进行带电或断电测量以确定故障点的大概位置，常用的方法有电压测量法和电阻测量法。

4）根据故障点的不同情况，采用正确的维修方法排除故障。

5）检修完毕，进行通电空载校验或局部空载校验。

6）校验合格，通电正常运行。

三、故障检修的基本方法

1. 电压测量法

测量检查时，首先把万用表的转换开关置于交流电压500V的挡位上，然后按图1-49所示的方法进行测量。

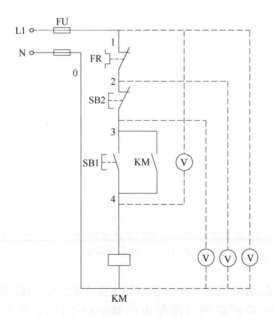

图1-49　电压测量法

接通电源，若按下起动按钮 SB1 时，接触器 KM 不吸合，则说明控制电路有故障。

检测时，松开按钮 SB1，先用万用表测量 0 和 1 两点之间的电压，若电压为 220V，则说明控制电路的电源电压正常。然后把黑表笔接到 0 点上，红表笔依次接到 2、3 各点上，分别测量 0-2、0-3 两点间的电压，若电压均为 220V，说明 L1-2-3 之间电路正常；再把黑表笔接到 1 点上，红表笔接到 4 点上，测量出 1-4 两点间的电压为 220V，说明 N-0-4 之间电路正常。根据测量结果即可找出故障点，见表 1-7。

表 1-7 电压测量法查找故障点

故障现象	0-2	0-3	1-4	故障点
按下 SB1 按钮时，接触器 KM 不吸合	0	×	×	FR 常闭触点接触不良
	220V	0	×	SB2 常闭触点接触不良
	220V	220V	0	KM 线圈断路
	220V	220V	220V	SB1 接触不良

注：表中符号"×"表示不需要测量。

2. 电阻测量法

测量检查时，首先把万用表的转换开关置于倍率适当的电阻挡位上（一般选 $R \times 100$ 以上的挡位），然后按图 1-50 所示的方法进行测量。

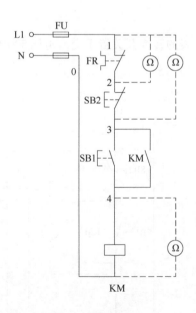

图 1-50 电阻测量法

接通电源，若按下起动按钮 SB1 时，接触器 KM 不吸合，则说明控制电路有故障。

检测时，首先切断电路的电源（这与电压测量法不同），用万用表依次测量出 1-2、1-3、0-4 各两点间的电阻值。根据测量结果即可找出故障点，见表 1-8。

表 1-8　电阻测量法查找故障点

故障现象	1-2	1-3	0-4	故障点
按下 SB1 按钮时，接触器 KM 不吸合	∞	×	×	FR 常闭触点接触不良
	0	∞	×	SB2 常闭触点接触不良
	0	0	∞	KM 线圈断路
	0	0	R	SB1 接触不良

注：表中符号"R"为接触器 KM 线圈的电阻值。

以上是用测量法查找确定控制电路的故障点，对于主电路的故障点，结合图 1-45a 说明如下。

首先测量接触器电源端 U12-V12、U12-W12、W12-V12 之间的电压。若均为 380V，说明 U12、V12、W12 三点至电源无故障，可进行第二步测量；否则，可再测量 U11-V11、U11-W11、W11-V11 顺次至 L1-L2、L2-L3、L3-L1 直到发现故障。

其次断开主电路电源，用万用表的电阻挡（一般选 $R \times 10$ 以下的挡位）测量接触器负载端 U13-V13、U13-W13、W13-V13 之间的电阻，若电阻均较小（电动机定子绕组的直流电阻），说明 U13、V13、W13 三点至电动机无故障，可判断为接触器主触点有故障；否则可再测量 U-V、U-W、W-V 到电动机接线端子处，直到发现故障为止。

理论知识试题精选

一、选择题

1. 三相交流异步电动机旋转方向由（　　）决定。
   A. 电动势方向　　　B. 电流方向　　　C. 频率　　　D. 旋转磁场方向
2. 要使三相异步电动机反转，只要（　　）就能完成。
   A. 降低电压　　　　　　　　　　　　B. 降低电流
   C. 将任意两根电源线对调　　　　　　D. 降低电路功率
3. 实现三相异步电动机的正反转是（　　）实现的。
   A. 正转接触器的常闭触点和反转接触器的常闭触点联锁
   B. 正转接触器的常开触点和反转接触器的常开触点联锁
   C. 正转接触器的常闭触点和反转接触器的常开触点联锁
   D. 正转接触器的常开触点和反转接触器的常闭触点联锁
4. 接触器衔铁振动或噪声过大的原因有（　　）。
   A. 短路环损坏或脱落　　　　　　　　B. 衔铁歪斜或铁心端面有锈蚀油污
   C. 电源电压偏低　　　　　　　　　　D. 以上都是
5. 三相异步电动机的正反转控制关键是改变（　　）。
   A. 电源电压　　　B. 电源相序　　　C. 电源电流　　　D. 负载大小
6. 正反转控制电路，在实际工作中最常用、最可靠的是（　　）。
   A. 倒顺开关　　　B. 接触器联锁　　　C. 按钮联锁　　　D. 按钮、接触器双重联锁
7. 按复合按钮时，（　　）。
   A. 常开触点先闭合，常闭触点后断开　　B. 常闭触点先断开，常开触点后闭合

C. 常开触点、常闭触点同时动作　　　D. 常闭触点动作，常开触点不动作

8. 在操作按钮联锁或按钮、接触器双重联锁的正反转控制电路中，要使电动机从正转改为反转，正确的操作方法是（　　）。

A. 可直接按下反转起动按钮

B. 可直接按下正转起动按钮

C. 必须先按下停止按钮，再按下反转起动按钮

D. 必须先按下停止按钮，再按下正转起动按钮

二、判断题

（　　）1. 在接触器联锁的正反转控制电路中，正反转接触器有时可以同时闭合。

（　　）2. 为了保证三相异步电动机实现反转，正反转接触器的主触点必须按相同的顺序并联后串联到主电路中。

（　　）3. 接触器、按钮双重联锁正反转控制电路的优点是工作安全可靠，操作方便。

（　　）4. 在接触器正反转的控制电路中，若正转接触器和反转接触器同时通电会发生两相电源短路。

（　　）5. 当一个接触器得电动作时，通过其辅助常开辅助触点使另一个接触器不能得电动作，叫作联锁。

（　　）6. 只有改变三相电源中的U-W相，才能使电动机反转。

操作技能试题精选

试题：三相异步电动机接触器联锁正反转控制电路的安装接线。

考核要求：

1. 按图1-45a正确使用工具和仪表进行熟练的安装接线。
2. 安装接线时应采用板前明配线方式。
3. 电源和电动机配线、按钮接线要接到端子排上，要注明引出端子的标号。
4. 安全文明操作。
5. 操作时间：90min。

三相异步电动机接触器联锁正反转控制电路的安装接线评分表见表1-5。

任务1-4　位置控制与自动往返控制电路的安装调试

知识目标

♪ 了解行程开关的基本知识。

♪ 了解位置控制电路的组成、工作原理。

♪ 了解自动往返控制电路的组成、工作原理。

技能目标

♪ 掌握行程开关的识别与检测。

♪ 正确进行自动往返控制电路的安装与调试。

*任务描述

本任务主要学习行程开关的选用与检测方法，并能够正确安装和调试自动往返控制电路。自动往返控制电路如图 1-51 所示，通过行程开关控制两台接触器自动交替工作，实现电动机的正反转运行，通过机械传动机构使工作台自动往返运动。

a) 控制电路   b) 电动机实物

图 1-51 自动往返控制电路和电动机实物

*任务分析

在生产实际中，为了实现对工件的连续加工，有些生产机械的工作台要求在一定行程内自动往返运动，这就需要电气控制电路能控制电动机实现自动换接正反转。这种控制方法常用于磨床（图 1-52）工作台进给电动机控制。

图 1-52 磨床

*相关知识

一、行程开关

行程开关是用来反映工作机械的行程，发出命令以控制其运动方向和行程长短的开关。其作用原理与按钮相同，区别在于它不是靠手指的按压而是利用生产机械运动部件的碰压使其触点动作的，从而将机械信号转变为电信号，用来控制工作机械动作或用作程序控制。通常，行程开关被用来限制机械运动的位置或行程，使工作机械按一定的位置或行程实现自动停止、反向运动、变速运动或自动往返运动等。

1. 行程开关的结构与电气符号

机床中常用的行程开关有 LX19 和 JLXK1 等系列，各系列行程开关的基本结构大体相同，都是由触点系统、操作机构和外壳组成，如图 1-53a 所示。

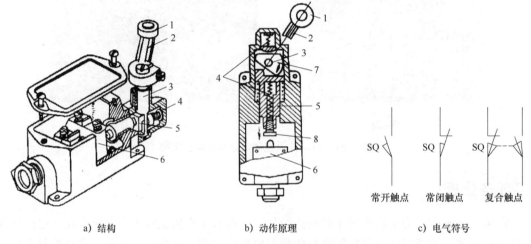

a) 结构　　　　　　b) 动作原理　　　　　c) 电气符号

图 1-53　JLXK1 型行程开关

1—滚轮　2—杠杆　3—转轴　4—复位弹簧　5—撞块　6—微动开关　7—凸轮　8—调节螺钉

以某种行程开关元件为基础，装配不同的操作机构，可以得到各种不同形式的行程开关，常见的有按钮式（直动式）行程开关和旋转式（滚轮式）行程开关。JLXK1 系列行程开关如图 1-54 所示。

2. 行程开关的型号及含义

LX19 和 JLXK1 系列行程开关的型号及含义如图 1-55 所示。

3. 行程开关的选择

1）行程开关主要根据动作要求、安装位置及触点数量进行选择。

2）安装行程开关时，其位置要准确，安装要牢固；滚轮的方向不能装反，挡铁与其碰撞的位置应符合控制电路的要求，并保证能可靠地与挡铁碰撞。

3）行程开关在使用中，要定期检查和保养，除去油垢及粉尘，清理触点，经常检查其动作是否灵活、可靠，及时排除故障，防止因行程开关触点接触不良或接线松脱而产生误动作，导致设备和人身安全事故。

单元1 电动机基本控制电路

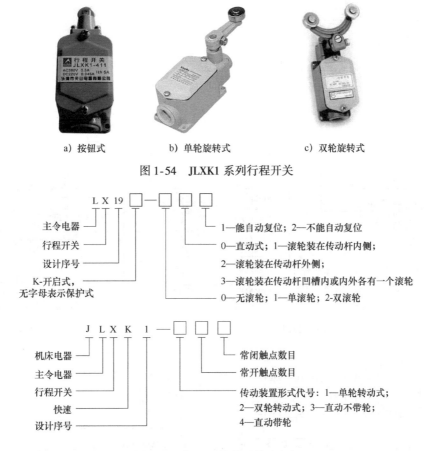

a) 按钮式　　　　b) 单轮旋转式　　　　c) 双轮旋转式

图 1-54　JLXK1 系列行程开关

图 1-55　行程开关的型号及含义

二、位置控制电路

位置控制电路如图 1-56b 所示。工厂车间里的行车常采用这种电路，行车的两端终点处各安装了一个位置开关 SQ1 和 SQ2，将这两个位置开关的常闭触点分别串联在正转控制电路和反转控制电路中。行车前后各装有挡铁 1 和挡铁 2，行车的行程和位置可通过移动行程开关的安装位置来调节。

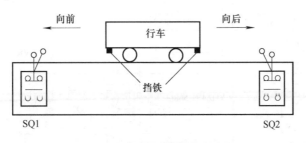

a) 行车运动示意图

图 1-56　位置控制电路

45

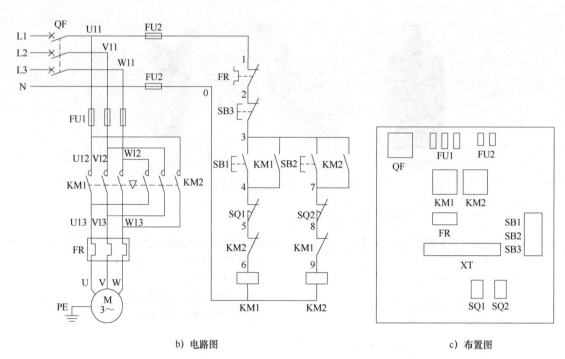

b) 电路图

c) 布置图

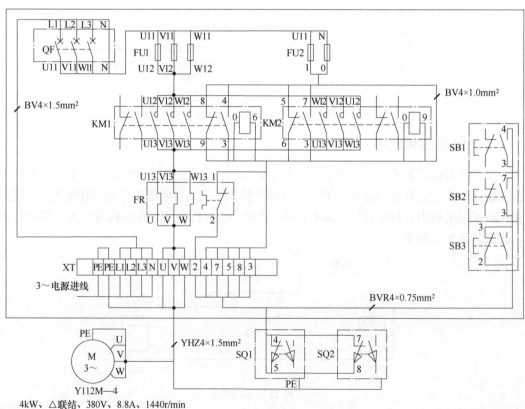

d) 接线图

图 1-56 位置控制电路（续）

电路的工作原理叙述如下。

合上电源开关 QF。

1) 行车向前运动：

按下SB1→KM1线圈得电┬→KM1（8-9）分断，对KM2联锁
　　　　　　　　　　├→KM1（3-4）闭合自锁
　　　　　　　　　　└→KM1主触点闭合→电动机M起动连续正转→行车向前运动

当行车前移至限定位置时，挡铁1碰撞行程开关SQ1→SQ1（4-5）分断→KM1线圈失电→KM1触点复位，电动机M失电停转，行车停止向前运动。

此时，即使再按下 SB1 按钮，由于 SQ1 常闭触点已分断，接触器 KM1 线圈也不会得电，保证了行车不会超过 SQ1 所在位置。

2) 行车向后运动：

按下SB2→KM2线圈得电┬→KM2（5-6）分断，对KM1联锁
　　　　　　　　　　├→KM2（3-7）闭合自锁
　　　　　　　　　　└→KM2主触点闭合→电动机M起动连续反转→行车向后运动

当行车后移至限定位置时，挡铁2碰撞行程开关SQ2→SQ2（7-8）分断→KM2线圈失电→KM2触点复位，电动机M失电停转，行车停止向后运动。

停车时，只需要按下 SB3 按钮即可。

三、自动往返控制电路

由行程开关控制的工作台自动往返控制电路如图 1-57 所示。

为了使电动机的正反转控制与工作台的左、右运动相配合，在控制电路中设置了 4 个行程开关 SQ1～SQ4，并把它们安装在工作台需要限位的地方。其中，SQ1、SQ2 用来自动换接电动机正反转控制电路，实现工作台的自动往返行程控制；SQ3、SQ4 用来作终端保护，以防止因 SQ1、SQ2 失灵，使工作台越过限定位置而造成事故。在工作台边的 T 形槽中装有两块挡铁，挡铁 1 只能和 SQ1、SQ3 相碰撞，挡铁 2 只能和 SQ2、SQ4 相碰撞。当工作台运动到限定位置时，挡铁碰撞行程开关，使其触点动作，自动换接电动机正反转控制电路，通过机械传动使工作台自动往返运动。

> *任务准备

一、识读电气图

如图 1-57b 所示，工作台自动往返控制电路的工作原理叙述如下。

电力拖动基本控制线路（任务驱动模式）

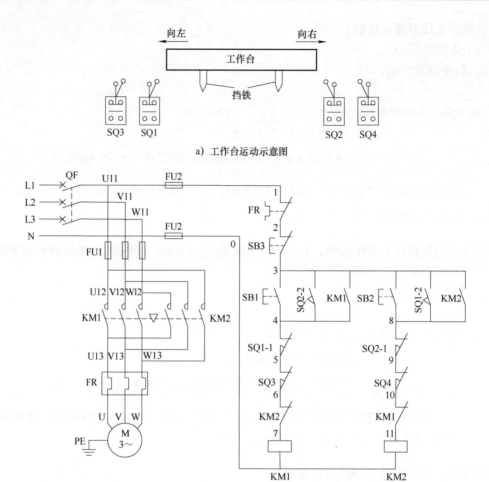

a) 工作台运动示意图

b) 电路图

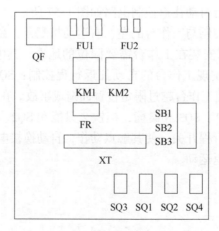

c) 布置图

图 1-57　工作台自动往返控制电路

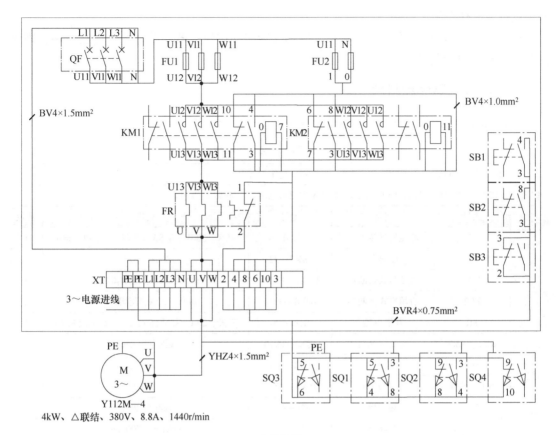

d) 接线图

图1-57 工作台自动往返控制电路（续）

先合上电源开关QF。

按下SB1→KM1线圈得电→KM1（10-11）分断，对KM2联锁

　　　　　　　　　　　→KM1（3-4）闭合自锁

　　　　　　　　　　　→KM1主触点闭合→电动机M正转→工作台左移

当工作台左移至限定位置时，挡铁1碰撞SQ1→SQ1-1（4-5）分断→KM1线圈失电→KM1触点复位→电动机停止正转，工作台停止左移。

与此同时，SQ1-2（3-8）闭合→KM2线圈得电→KM2（6-7）分断对KM1联锁；KM2（3-8）闭合自锁；KM2主触头闭合→电动机M反转→工作台右移。

当工作台右移至限定位置时，挡铁2碰撞SQ2→SQ2-1（8-9）分断→KM2线圈失电→KM2触点复位→电动机停止反转，工作台停止右移。

与此同时，SQ2-2（3-4）闭合→KM1线圈得电→KM1（10-11）分断对KM2联锁；KM1（3-4）闭合自锁；KM1主触点闭合→电动机M又正转→工作台又左移。以后重复上述过程，工作台就在限定的行程内自动往返运动。

停止时，按下SB3→整个控制电路失电→KM1（或KM2）主触点分断→电动机M失电

停止运行→工作台停止运动。

这里 SB1、SB2 分别作为正转起动按钮和反转起动按钮，若起动时工作台在左端，则应按下 SB2 按钮进行起动。

二、准备元器件和材料

根据电动机的规格选配工具、仪表和器材，并进行质量检验，见表 1-9。

表 1-9　工具、仪表和器材

工具	验电器、螺钉旋具、尖嘴钳、斜口钳、剥线钳、电工刀等电工常用工具				
仪表	ZC25—3 型绝缘电阻表（500V）、DM3218A 型钳形电流表、MF47 型万用表				
	代号	名称	型号	规格	数量
器材	M	三相笼型异步电动机	Y112M—4	4kW、380V、8.8A、△联结、1440r/min	1
	QF	断路器	DZ47—32	380V、32A	1
	FU1	有填料式熔断器	RT18—32/20	380V、32A、配熔体 20A	3
	FU2	有填料式熔断器	RT18—32/5	380V、32A、配熔体 5A	2
	FR	热继电器	JR36—20	三极、20A、热元件 11A、整定电流 8.8A	1
	KM1、KM2	交流接触器	CJX2—0910	线圈电压 220V	2
	SB1、SB2、SB3	按钮	LA4—3H	保护式	3
	SQ1～SQ4	行程开关	JLXK1—311	直动式	4
	XT	端子板	TD—AZ1	660V、20A	1
		控制板		600mm×700mm	1
		主电路塑铜线		BV1.5mm^2 和 YHZ1.5mm^2	若干
		控制电路塑铜线		BV1.0mm^2	若干
		按钮塑铜线		BVR0.75mm^2	若干
		接地塑铜线		YHZ1.5mm^2（黄绿双色）	若干
		螺钉		ϕ5mm×20mm	若干
质检要求	(1) 根据电动机规格，检验选配的工具、仪表、器材等是否满足要求 (2) 电器元件外观应完整无损，附件、备件齐全 (3) 用万用表、绝缘电阻表检测电器元件及电动机的技术数据是否符合要求				

*任务实施

安装步骤及工艺要求如前所述，安装注意事项如下。

1）接触器联锁触点接线必须正确；否则将会造成主电路中两相电源短路。

2）通电试机时，应先合上 QF，再按下 SB1（或 SB2）及 SB3 按钮，观察电动机运转是否正常；并在按下 SB1 按钮后再按下 SB2 按钮，观察有无联锁作用。

*检查评价

检查评价见表 1-2。

*知识拓展

接近开关又称为无触点位置开关,是一种与运动部件无机械接触而能操作的位置开关,如图 1-58 所示。当运动的物体靠近开关到达一定位置时,开关发出信号,起到行程控制、计数及自动控制的作用。它的用途除了行程控制和限位保护外,还可作为检测金属体的存在、高速计数、测速、定位、变换运动方向、检测零件尺寸、液面控制及用作无触点按钮等。与行程开关相比,接近开关具有定位精度高、工作可靠、寿命长、操作频率高以及能适应恶劣工作环境等优点。但接近开关在使用时,一般需要有触点继电器作为输出器。

图 1-58 接近开关

按工作原理来分,接近开关有高频振荡型、感应电桥型、霍尔效应型、光电型、永磁及磁敏元件型、电容型和超声波型等多种类型,其中以高频振荡型最为常用。其原理框图如图 1-59 所示。

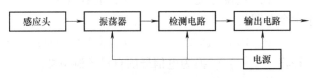

图 1-59 接近开关原理框图

当有金属物体靠近一个以一定频率稳定振荡的高频振荡器的感应头附近时,由于感应作用,该物体内部会产生涡流及磁滞损耗,使振荡电路因电阻增大、能耗增加而振荡减弱,直至停止振荡。检测电路根据振荡器的工作状态控制输出电路的工作,输出信号去控制继电器或其他电器,以达到控制目的。

LJ 系列集成电路接近开关的型号及含义如图 1-60 所示。

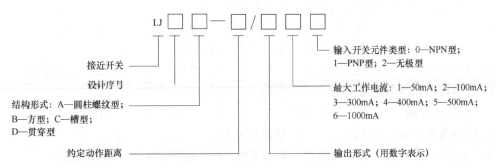

图 1-60 接近开关的型号及含义

LJ 系列接近开关分交流和直流两种类型，交流型为两线制，有常开式和常闭式两种。直流型分为两线制、三线制和四线制。除四线制为双触点输出（含有一个常开和一个常闭输出触点）外，其余均为单触点输出（含有一个常开或一个常闭触点）。交流两线接近开关的接线方式及电气符号如图 1-61 所示。

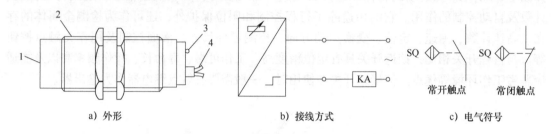

a) 外形　　　　　　　　b) 接线方式　　　　　　　　c) 电气符号

图 1-61　交流两线接近开关的接线方式及电气符号
1—感应面　2—圆柱螺纹型外壳　3—LED 指示灯　4—电缆

理论知识试题精选

一、选择题

1. 生产机械的位置控制是利用生产机械运动部件上的挡块与（　　）的相互作用而实现的。

　　A. 行程开关　　　　B. 挡位开关　　　　C. 转换开关　　　　D. 联锁按钮

2. 下列型号属于主令电器的是（　　）。

　　A. CJ10—40/3　　B. RL1—15/2　　C. JLXK1—211　　D. DZ10—100/330

3. 行程开关是一种将（　　）转换为电信号的自动控制电器。

　　A. 机械信号　　　　B. 弱电信号　　　　C. 光信号　　　　D. 热能信号

4. 工厂车间的行车需要位置控制，行程两端终点处各安装一个行程开关，这两个行程开关要分别（　　）在正转和反转控制电路中。

　　A. 串联　　　　　　B. 并联　　　　　　C. 混联　　　　　　D. 短接

5. 自动往返控制电路需要对电动机实现自动转换的（　　）控制才能达到要求。

　　A. 自锁　　　　　　B. 点动　　　　　　C. 联锁　　　　　　D. 正反转

6. 晶体管无触点开关的应用范围比普通行程开关更（　　）。

　　A. 窄　　　　　　　B. 广　　　　　　　C. 接近　　　　　　D. 极小

7. 完成工作台自动往返行程控制要求的主要电器元件是（　　）。

　　A. 行程开关　　　　B. 接触器　　　　　C. 按钮　　　　　　D. 组合开关

8. 自动往返控制电路属于（　　）电路。

　　A. 正反转控制　　　B. 点动控制　　　　C. 自锁控制　　　　D. 顺序控制

9. 检测各种金属，应选用（　　）型接近开关。

　　A. 超声波　　　　　B. 永磁型及磁敏元件　　C. 高频振荡　　　D. 光电

二、判断题

（　　）1. 行程开关是一种将机械信号转换为电信号，以控制运动部件的位置和行程的自动电器。

（　　）2. 实现工作台自动往返行程控制要求的主要电器元件是行程开关。

（　　）3. 接近开关的功能：除行程控制和限位保护外，还可检测金属的存在、高速计数、测速、定位、变换运动方向、检测零件尺寸、液面控制及用作无触点按钮等。

（　　）4. 接近开关是晶体管无触点开关。

（　　）5. 限位开关主要用于电源的引入。

操作技能试题精选

试题：三相异步电动机位置控制电路的安装接线。

考核要求：

1. 按图1-56b正确使用工具和仪表熟练地安装接线。
2. 安装接线时应采用板前明配线方式。
3. 电源和电动机配线、按钮接线要接到端子排上，要注明引出端子的标号。
4. 安全文明操作。
5. 操作时间：120min。

三相异步电动机控制电路的安装接线评分见表1-5。

任务1-5　顺序控制电路的安装调试

知识目标
- 了解中间继电器的基本知识。
- 了解顺序控制电路的组成、工作原理。

技能目标
- 掌握中间继电器的识别与检测。
- 正确进行顺序控制电路的安装与调试。

*任务描述

本任务主要学习中间继电器的选择与检测方法，并能够正确安装和调试3条传送带的顺序控制电路，如图1-62所示。

*任务分析

在装有多台电动机的生产机械上，各电动机所起的作用是不同的，有时需要按照一定的顺序起动或停止，才能保证操作过程的合理和工作的安全可靠。要求几台电动机的起动或停止必须按照一定的先后顺序来完成的控制方式，叫作电动机的顺序控制。图1-63所示为3条传送带运输机的示意图。

3条传送带运输机的起动顺序为1号→2号→3号，即顺序起动，以防止货物在传送带上堆积。停止顺序为3号→2号→1号，即逆序停止，以保证停车后传送带上不残留货物。

当 1 号或 2 号出现故障停止时，3 号能随即停止，以免继续进料。

图 1-62　3 条传送带的顺序控制电路

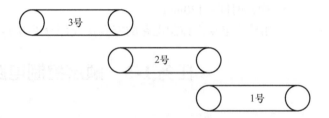

图 1-63　3 条传送带运输机的示意图

*相关知识

一、主电路实现顺序控制

主电路实现顺序控制的电路如图 1-64 所示。电动机 M1 和 M2 分别通过接触器 KM1 和 KM2 来控制，接触器 KM2 的主触点接在接触器 KM1 主触点的下面，这样就保证了当 KM1 主触点闭合、电动机 M1 起动运行后，M2 才能接通电源起动运行。

电路工作原理如下。

先合上电源主开关 QF。

按下SB1→KM1线圈得电→KM1（4-5）闭合自锁
　　　　　　　　　　→KM1主触点闭合→电动机M1起动连续运行

再按下SB2→KM2线圈得电→KM2（4-6）闭合自锁
　　　　　　　　　　　→KM2主触点闭合→电动机M2起动连续运行

按下SB3→KM1和KM2线圈均失电→KM1、KM2主触点分断→电动机M1、M2同时停止运行。

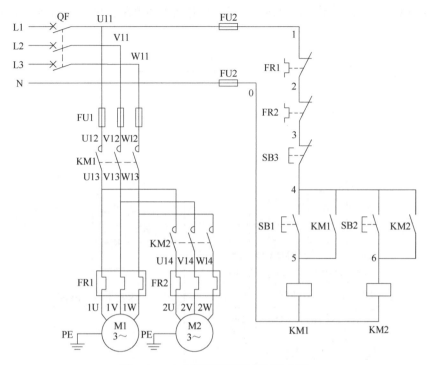

图 1-64　主电路实现顺序控制的电路

二、控制电路实现顺序控制

几种在控制电路中实现电动机顺序控制的电路如图 1-65 所示。图 1-65a 所示控制电路的特点是：电动机 M2 的控制电路先与接触器 KM1 的线圈并联后再与 KM1 的自锁触点串联，这样就保证了 M1 起动后 M2 才能起动的顺序控制要求。

图 1-65b 所示控制电路的特点是：在电动机 M2 的控制电路中，串联了接触器 KM1 的常开辅助触点。显然，只要 M1 不起动，即使按下 SB21 按钮，由于 KM1 的常开辅助触点未闭合，KM2 线圈也不能得电，从而保证了 M1 起动后 M2 才能起动的控制要求。电路中停止按钮 SB12 控制两台电动机同时停止，SB22 控制 M2 的单独停止。

图 1-65c 所示控制电路是在图 1-65b 所示电路中的 SB12 的两端并联了接触器 KM2 的常开辅助触点，从而实现了 M1 起动后 M2 才能起动，而 M2 停止后 M1 才能停止的控制要求，即 M1、M2 是顺序起动，逆序停止。

三、中间继电器

中间继电器是用来增加控制电路中的信号数量或将信号放大的继电器，如图 1-66 所示。其输入信号是线圈的通电和断电，输出信号是触点的动作。由于触点的数量较多，所以中间继电器可用来控制多个元件或电路。

1. 中间继电器的结构与电气符号

中间继电器的结构及工作原理与接触器基本相同，因而中间继电器又称为接触器式继电器。但中间继电器的触点对数多，且没有主、辅触点之分，各对触点允许通过的电流大小相同，多数为5A。因此，对于工作电流小于5A的电气控制电路，可用中间继电器代替接触器来控制。

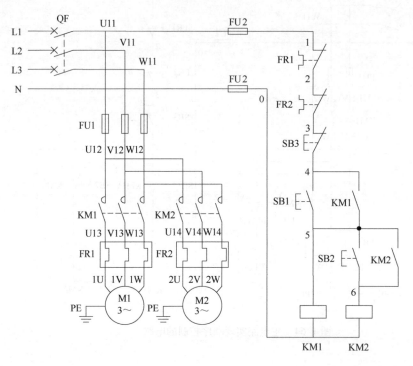

a) 顺序控制方式1

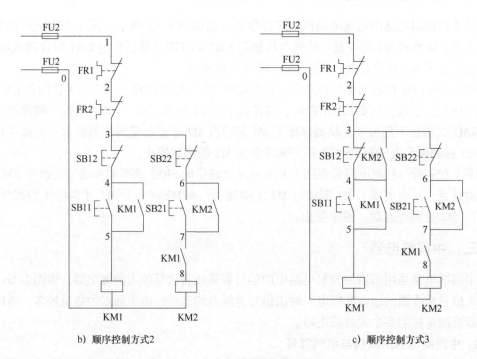

b) 顺序控制方式2　　　　　　　　　c) 顺序控制方式3

图1-65　几种实现顺序控制电路

a) JZ7系列

b) JZ14系列

c) JZ15系列

图 1-66 中间继电器

常用的中间继电器有 JZ7、JZ14、JZ15 等系列。JZ7 系列为交流中间继电器，其结构及电气符号如图 1-67 所示。

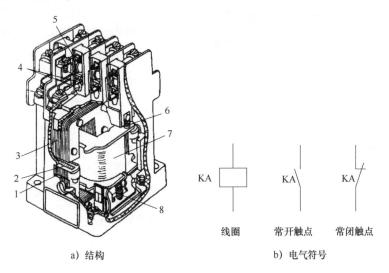

a) 结构　　　　　　　　　　　　　　b) 电气符号

图 1-67 JZ7 系列中间继电器

1—静铁心　2—短路环　3—衔铁　4—常开触点　5—常闭触点　6—反作用弹簧　7—线圈　8—缓冲弹簧

2. 中间继电器的型号及含义

中间继电器的型号及含义如图 1-68 所示。

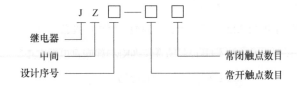

图 1-68 中间继电器的型号及含义

3. 中间继电器的选择

中间继电器主要依据被控制电路的电压等级，所需触点的数量、种类、容量等要求来选择。中间继电器的安装、使用、常见故障及处理方法与接触器的类似。

*任务准备

一、识读电气图

如图 1-69 所示，3 条传送带顺序控制电路的工作原理叙述如下。

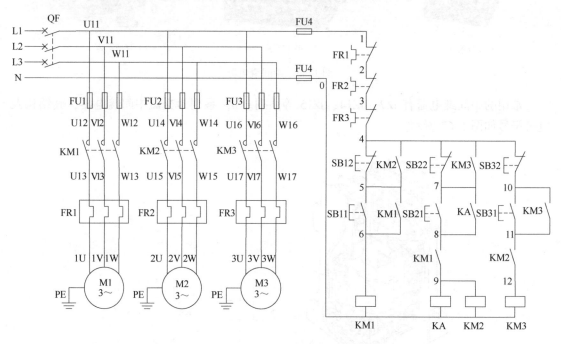

图 1-69 3 条传送带的顺序控制电路

1）起动过程：

先合上电源开关 QF。

按下 SB11→KM1 线圈得电→KM1（5-6）闭合自锁

　　　　　　　　　　→KM1（8-9）闭合，为 KA、KM2 线圈得电做准备

　　　　　　　　　　→KM1 主触点闭合，M1 起动

按下 SB21→KA 线圈得电→KA（7-8）闭合自锁

　　　　　→KM2 线圈得电→KM2（4-5）闭合，为逆序停止做准备

　　　　　　　　　　　　→KM2（11-12）闭合，为 KM3 线圈得电做准备

　　　　　　　　　　　　→KM2 主触点闭合，M2 起动

按下 SB31→KM3 线圈得电→KM3（10-11）闭合自锁

　　　　　　　　　　　→KM3（4-7）闭合，为逆序停止做准备

　　　　　　　　　　　→KM3 主触点闭合，M3 起动

2）停止过程：

按下SB32→KM3线圈失电→KM3触点复位→电动机M3失电停止运行

按下SB22→KA、KM2线圈失电→KA、KM2触点复位→电动机M2失电停止运行

按下SB12→KM1线圈失电→KM1触点复位→电动机M1失电停止运行

二、准备元器件和材料

根据电动机的规格选配工具、仪表和器材，并进行质量检验，见表1-10。

表1-10 工具、仪表和器材

工具	验电器、螺钉旋具、尖嘴钳、斜口钳、剥线钳、电工刀等电工常用工具			
仪表	ZC25—3型绝缘电阻表（500V）、DM3218A型钳形电流表、MF47型万用表			
器材	代号	名称	型号	规格	数量
	M	三相笼型异步电动机	Y112M—4	4kW、380V、8.8A、△联结、1440r/min	3
	QF	断路器	DZ47—32	380V、32A	1
	FU1～FU3	有填料式熔断器	RT18—32/20	380V、32A、配熔体20A	9
	FU4	有填料式熔断器	RT18—32/5	380V、32A、配熔体5A	2
	KM1～KM3	交流接触器	CJX2—0910	线圈电压220V	3
	FR1～FR3	热继电器	JR36—20	三极、20A、热元件11A、整定电流8.8A	3
	KA	中间继电器	JZ7—44	线圈电压220V	1
	SB11～SB32	按钮	LA4—2H	保护式	6
	XT	端子板	TD—AZ1	660V、20A	1
		控制板		600mm×700mm	1
		主电路塑铜线		BVR1.5mm^2	若干
		控制电路塑铜线		BVR1.0mm^2	若干
		按钮塑铜线		BVR0.75mm^2	若干
		接地塑铜线		BVR1.5mm^2（黄绿双色）	若干
		螺钉		ϕ5mm×20mm	若干
		编码套管		1.5mm^2	若干
		冷压接线头		1.5mm^2	若干
质检要求	（1）根据电动机规格，检验选配的工具、仪表、器材等是否满足要求 （2）电器元件外观应完整无损，附件、备件齐全 （3）用万用表、绝缘电阻表检测电器元件及电动机的技术数据是否符合要求				

*任务实施

一、安装走线槽和电器元件

走线槽应横平竖直、便于走线。电器元件安装应牢固、整齐、匀称，间距合理，便于电器元件的更换，如图1-70所示。

二、板前线槽配线

进行板前线槽配线，制作冷压接线头和套编码套管，并检查控制板配线的正确性。严禁损伤导线线芯和绝缘层；各接线端子引出导线的走向以电器元件的水平中心线为界限分为上、下引出导线，不允许水平方向进入走线槽；走线槽中导线尽可能避免交叉，装线不超过线槽容量的70%；冷压接线头必须牢固，编码套管的线号应与电路图相应接点线号一致，如图 1-71 所示。

图 1-70 安装走线槽和电器元件

图 1-71 板前线槽配线

视频 13

视频 14

三、安装电动机

控制板必须安装在操作时能看到电动机的地方，以保证操作安全。电动机的金属外壳必须按规定要求接到保护接地专用端子上，如图 1-72 所示。

图 1-72 安装电动机

四、检查安装质量

用万用表检查电路的正确性,严禁出现短路故障,如图 1-73 所示。

图 1-73 检查安装质量

视频 15

五、通电试运行

将三相交流电源接入断路器,经指导教师检查合格后进行通电试运行。

安装注意事项如下。

1)通电试运行时,应熟悉电路的按钮操作顺序,起动为 SB11→SB21→SB31,停止为 SB32→SB22→SB12。

2)通电过程中若出现异常情况,在 M2 和 M3 已经运行时,必须立即切断电源开关 QF,因为此时停止按钮 SB22、SB12 已失去作用。

*检查评价

检查评价见表 1-2。

理论知识试题精选

一、选择题

1. 中间继电器的工作原理是(   )。
A. 电流化学效应　　　B. 电流热效应　　　C. 电流机械效应　　　D. 与接触器完全相同

2. 中间继电器的基本构造(   )。
A. 由电磁机构、触点系统、灭弧装置、辅助部件等组成
B. 与接触器基本相同,所不同的是它没有主、辅触点之分且触点对数多,没有灭弧装置
C. 与接触器完全相同
D. 与热继电器结构相同

3. 两台电动机 M1 与 M2 为顺序起动、逆序停止控制,当停止时,(   )。
A. M1 先停止,M2 后停止　　　　　　　　B. M2 先停止,M1 后停止
C. M1 与 M2 同时停止　　　　　　　　　　D. M1 停止,M2 不停止

4. 要求几台电动机的起动或停止必须按一定的先后顺序来完成的控制方式,称为电动机的(　　)。

　　A. 顺序控制　　　　B. 异地控制　　　　C. 多地控制　　　　D. 自锁控制

5. 顺序控制可通过(　　)来实现。

　　A. 主电路　　　　　B. 辅助电路　　　　C. 控制电路　　　　D. 主电路和控制电路

二、判断题

(　　) 1. 中间继电器是将一个输入信号变成一个或多个输出信号的继电器。

(　　) 2. 顺序控制必须按一定的先后顺序并通过控制电路来控制几台电动机的起停。

操作技能试题精选

试题:两台电动机顺序起动、逆序停止控制电路的安装接线。

考核要求:

1. 按图1-65c所示正确使用工具和仪表熟练地安装接线。
2. 安装接线时应采用板前线槽配线方式。
3. 电源和电动机配线、按钮接线要接到端子排上,要注明引出端子的标号。
4. 安全文明操作。
5. 操作时间:120min。

两台电动机顺序起动、逆序停止控制电路的安装接线评分见表1-11。

表1-11　两台电动机顺序起动、逆序停止控制电路的安装接线评分

项目内容	配分	评分标准	扣分	得分
安装前检查	5分	1. 电动机质量漏检,扣2分 2. 电器元件漏检或错检,每个扣1分		
安装线槽及元件	15分	1. 不按布置图安装,扣15分 2. 元器件安装不牢固,每只扣4分 3. 元器件安装不整齐、不匀称、不合理,每只扣3分 4. 走线槽安装不符合要求,每处扣5分 5. 损坏元器件,扣15分		
布线	40分	1. 不按电路图接线,扣20分 2. 配线不符合要求,每根扣3分 3. 接点松动、露铜过长、反圈等,每个扣1分 4. 未做冷压接线头,每个扣0.5分 5. 未套编码套管,每个扣0.5分 6. 损伤导线绝缘层或线芯,每根扣5分 7. 漏接接地线,扣10分		
通电试运行	30分	1. 熔体规格选择不当,扣5分 2. 第一次试运行不成功,扣10分 3. 第二次试运行不成功,扣20分 4. 第三次试运行不成功,扣30分		
安全文明操作	10分	违反安全操作规程,每次扣5分		
操作时间		每超时5min,扣10分		
合计				

任务1-6　星形－三角形减压起动控制电路的安装调试

知识目标
♪ 了解时间继电器的基本知识。
♪ 了解星形－三角形减压起动控制电路的组成和工作原理。

技能目标
♪ 掌握时间继电器的识别与检测。
♪ 正确进行星形－三角形减压起动控制电路的安装与调试。

*任务描述

本任务主要学习时间继电器的选用与检测方法，并能够正确安装和调试星形－三角形减压起动控制电路。星形－三角形减压起动控制电路如图1-74所示，它是通过按钮、接触器、时间继电器来改变电动机定子绕组接线方式的一种减压起动控制电路。

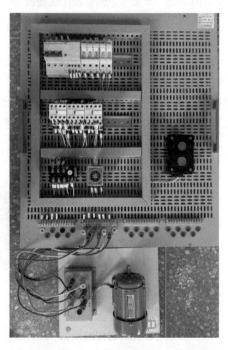

图1-74　星形－三角形减压起动控制电路

*任务分析

星形－三角形减压起动控制电路，就是按下起动按钮，电动机的定子绕组接成星形联结减压起动，经过时间继电器延时把电动机的定子绕组接成三角形联结全压运行。这种电动机的起动方法常用于大功率交流电动机的起动，如图1-75所示。

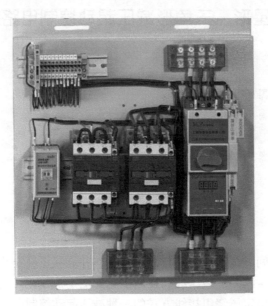

图1-75 星形-三角形减压起动器

*相关知识

在自动控制系统中,有时需要继电器得到信号后不立即动作,而是延时一段时间后再动作并输出控制信号,以达到按时间顺序进行控制的目的。在这种情况下,就可以应用时间继电器了。时间继电器按工作原理划分,可分为电磁式、空气阻尼式(气囊式)、晶体管式等类型,如图1-76所示。

　　a) 空气阻尼式　　　　　b) 晶体管式　　　　　c) 数显式　　　　　d) 电磁式

图1-76 时间继电器

时间继电器的图形符号如图1-77所示。

时间继电器按延时方式可分为通电延时型和断电延时型。对于通电延时型时间继电器,当线圈得电时,其延时动合触点要延时一段时间才闭合,延时动断触点要延时一段时间才断开;当线圈失电时,其延时动合触点迅速断开,延时动断触点迅速闭合。对于断电延时型时间继电器,当线圈得电时,其延时动合触点迅速闭合,延时动断触点迅速断开;当线圈失电时,其延时动合触点要延时一段时间再断开,延时动断触点要延时一段时间再闭合。

单元1 电动机基本控制电路

图 1-77 时间继电器的图形符号

*任务准备

一、识读电气图

星形-三角形减压起动控制电路如图1-78所示。该电路由3个接触器、一个热继电器、一个时间继电器和两个按钮组成。接触器KM为电源接触器，接触器KM$_Y$和KM$_\triangle$实现电动机Y减压起动和△运行，时间继电器KT用于控制Y减压起动时间和完成Y-△自动切换。SB1是起动按钮，SB2是停止按钮，FU1为主电路的短路保护，FU2为控制电路的短路保护，FR为电动机过载保护。

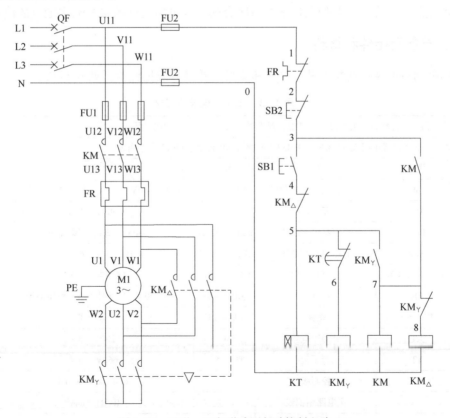

图 1-78 星形-三角形减压起动控制电路

电路的工作原理如下。

先合上电源开关 QF。

按下SB1→KM$_Y$线圈得电→KM$_Y$联锁触点分断对KM$_△$联锁

　　　　　　　　　　→KM$_Y$常开触点闭合→KM线圈得电→KM自锁触点闭合自锁

　　　　　　　　　　　　　　　　　　　　　　　　　　→KM主触点闭合

　　　　　　　　　　→KM$_Y$主触点闭合→电动机M接成丫减压起动→KT线圈得电

当M转速上升到一定值时，KT延时结束→KT常闭触点分断→KM$_Y$线圈失电

→KM$_Y$常开触点分断

→KM$_Y$主触点分断，解除丫联结

→KM$_Y$联锁触点闭合→KM$_△$线圈得电→KM$_△$联锁触点分断→对KM$_Y$联锁

　　　　　　　　　　　　　　　　　　→KT线圈失电→KT常闭触点瞬时闭合

　　　　　　　　　　　　　　　　→KM$_△$主触点闭合→电动机M接成△全压运行

停止时，按下SB2按钮即可。

该电路中，接触器KM$_Y$得电以后，通过KM$_Y$的辅助常开触点使接触器KM得电动作，这样KM$_Y$的主触点是在无负载的条件下进行闭合的，故可延长接触器KM$_Y$主触点的使用寿命。

二、准备元器件和材料

根据电动机的规格选配工具、仪表和器材，并进行质量检验，见表1-12。

表1-12 工具、仪表和器材

工具	验电器、螺钉旋具、尖嘴钳、斜口钳、剥线钳、电工刀等电工常用工具				
仪表	ZC25—3型绝缘电阻表（500V）、DM3218A型钳形电流表、MF47型万用表				
器材	代号	名称	型号	规格	数量
	M	三相笼型异步电动机	Y112M—4	4kW、380V、8.8A、△联结、1440r/min	1
	QF	断路器	DZ47—32	380V、32A	1
	FU1	有填料式熔断器	RT18—32/20	380V、32A、配熔体20A	3
	FU2	有填料式熔断器	RT18—32/5	380V、32A、配熔体5A	2
	KM、KM$_Y$、KM$_△$	交流接触器	CJX2—0910	线圈电压220V	3
	FR	热继电器	JR36—20	三极、20A、热元件11A、整定电流8.8A	1
	SB1、SB2	按钮	LA4—2H	保护式	2
	KT	时间继电器	JSZ3C—A	220V、5A	1
	XT	端子板	TD—AZ1	660V、20A	1
		控制板		600mm×700mm	1
		主电路塑铜线		BVR1.5mm^2	若干
		控制电路塑铜线		BVR1.0mm^2	若干
		按钮塑铜线		BVR0.75mm^2	若干

(续)

	代号	名称	型号	规格	数量
器材		接地塑铜线		BVR1.5mm² （黄绿双色）	若干
		螺钉		ϕ5mm×20mm	若干
		编码套管		1.5mm²	若干
		冷压接线头		1.5mm²	若干
质检要求	（1）根据电动机规格，检验选配的工具、仪表、器材等是否满足要求 （2）电器元件外观应完整无损，附件、备件齐全 （3）用万用表、绝缘电阻表检测电器元件及电动机的技术数据是否符合要求				

*任务实施

安装步骤及工艺要求如前所述，安装注意事项如下。

1）电动机的接线端子与端子板的连接要保证电动机星形联结和三角形联结接线的正确性，防止发生三相电源短路事故。

2）主电路的断电测试方法。万用表选用 $R\times100$ 电阻挡，接通开关 QF。

① 按下 KM，表笔分别接在 L1-U1、L2-V1、L3-W1，电阻为零。

② 按下 KM_Y，表笔分别接在 W2-U2、U2-V2、V2-W2，电阻为零。

③ 按下 $KM_\triangle$，表笔分别接在 U1-W2、V1-U2、W1-V2，电阻为零。

3）控制电路的断电测试方法。万用表选用 $R\times100$ 或 $R\times1k$ 电阻挡，表笔接在 1 和 0 号线之间。

① 按下 SB1 按钮，电阻为 1kΩ 左右（KM_Y、KT 线圈并联的等效电阻）；若按下 KT 一段时间，电阻为 2kΩ（KT 线圈电阻），同时按下 SB2 或者按下 $KM_\triangle$，电阻为无穷大。

② 按下 KM，电阻为 1kΩ 左右（KM、$KM_\triangle$ 线圈并联的等效电阻），同时按下 SB2，电阻为无穷大。

*检查评价

检查评价见表 1-2。

*知识拓展

起动时加在电动机定子绕组上的电压为电动机的额定电压，属于全压起动，也叫作直接起动。直接起动的优点是所用电气设备少，电路简单，维修量较小。但直接起动时的起动电流较大，一般为额定电流的 4～7 倍。在电源变压器容量不够大，而电动机功率较大的情况下，直接起动将导致电源变压器输出电压下降，不仅会减小电动机本身的起动转矩，而且会影响同一供电电路中其他电气设备的正常工作。因此，较大功率的电动机起动时，需要采用减压起动的方法。

通常规定：电源容量在 180kV·A 以上，电动机功率在 7kW 以下的三相异步电动机可采用直接起动。

判断一台电动机能否直接起动，还可以用下面的经验公式来确定，即

$$\frac{I_{st}}{I_N} \leq \frac{3}{4} + \frac{S}{4P} \tag{1-5}$$

式中　I_{st}——电动机全压起动电流（A）；

　　　I_N——电动机额定电流（A）；

　　　S——电源变压器容量（kV·A）；

　　　P——电动机功率（kW）。

凡不满足直接起动条件的电动机，均需采用减压起动。

减压起动是指利用起动设备将电压适当降低后，加到电动机的定子绕组上进行起动，待电动机起动运行后，再使其电压恢复到额定电压正常运行。

由于电流随电压的降低而减小，所以减压起动达到了减小起动电流的目的。但是，由于电动机的转矩与电压的二次方成正比，所以减压起动也将导致电动机的起动转矩大大降低。因此，减压起动需要在空载或轻载下进行。

常见的减压起动方法有定子绕组串接电阻减压起动、自耦变压器减压起动、丫-△减压起动、延边三角形减压起动等。

理论知识试题精选

一、选择题

1. 为了使异步电动机能采用丫-△减压起动，电动机在正常运行时必须是（　　）。
   A. 丫联结　　　B. △联结　　　C. 丫/△联结　　　D. 延边三角形联结

2. 晶体管式时间继电器按构成原理分为（　　）两类。
   A. 电磁式和电动式　　　　B. 整流式和感应式
   C. 阻容式和数字式　　　　D. 磁电式和电磁式

3. 晶体管式时间继电器比气囊式时间继电器在寿命长短、调节方便和耐冲击三项性能方面相比（　　）。
   A. 差　　　B. 良　　　C. 优　　　D. 因使用场合不同而异

4. 时间继电器的文字符号为（　　）。
   A. KT　　　B. FR　　　C. SJ　　　D. PE

5. 通电延时型的时间继电器，它的动作情况为（　　）。
   A. 线圈通电时触点延时动作，断电时触点瞬时动作
   B. 线圈通电时触点瞬时动作，断电时触点延时动作
   C. 线圈通电时触点不动作，断电时触点动作
   D. 线圈通电时触点不动作，断电时触点延时动作

6. 丫-△减压起动控制电路中，接触器KM$_Y$的进线必须从三相定子绕组的末端引入，若将其从首端引入，则在KM$_Y$吸合时，会出现三相电源（　　）事故。
   A. 开路　　　B. 漏电　　　C. 过载　　　D. 短路

7. 丫-△减压起动控制接线时，要保证电动机△联结的正确性，即接触器主触点闭合时，应保证定子绕组（　　）。
   A. U1与U2、V1与V2、W1与W2相连

B. U1 与 V2、V1 与 W2、W1 与 U2 相连
C. U1 与 W2、V1 与 U2、W1 与 V2 相连
D. U1 与 W1、V1 与 V2、U2 与 W2 相连

8. Y-△减压起动的起动转矩为直接起动转矩的（　　）倍。
A. 2　　　　　　B. 1/2　　　　　　C. 3　　　　　　D. 1/3

二、判断题

（　　）1. 三相笼型异步电动机都可以用 Y-△减压起动。

（　　）2. 晶体管式时间继电器也称为半导体式时间继电器或称为电子式时间继电器，是自动控制系统的重要元件。

（　　）3. 为了使三相异步电动机能采用 Y-△减压起动，电动机在正常时必须是△联结。

（　　）4. 大功率 Y 联结的电动机也可采用 Y-△减压起动。

（　　）5. 晶体管式时间继电器按延时方式分为通电延时型、断电延时型、带瞬动触点的通电延时型等类。

操作技能试题精选

试题：三相异步电动机 Y-△减压起动控制电路的安装接线。
考核要求：
1. 按图 1-78 正确使用工具和仪表熟练地安装接线。
2. 安装接线时应采用板前槽板配线方式。
3. 电源和电动机配线、按钮接线要接到端子排上，要注明引出端子的标号。
4. 安全文明操作。
5. 操作时间：150min。

三相异步电动机 Y-△减压起动控制电路的安装接线评分见表 1-11。

任务 1-7　反接制动控制电路的安装调试

知识目标
♪ 了解速度继电器的基本知识。
♪ 了解反接制动控制电路的组成与工作原理。

技能目标
♪ 掌握速度继电器的识别与检测。
♪ 正确进行反接制动控制电路的安装与调试。

*任务描述

本任务主要学习速度继电器的识别及检测，并能正确安装与调试单向起动反接制动控制电路，如图 1-79 所示。单向起动反接制动控制电路就是利用按钮、交流接触器、速度继电器等控制电动机立即停转的电路。

图 1-79 单向起动反接制动控制电路

*任务分析

反接制动是利用改变电动机电源的相序，使定子绕组产生相反方向的旋转磁场，从而产生制动转矩的一种制动方法。其制动原理如图 1-80 所示。

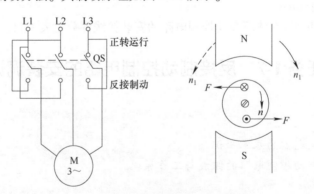

图 1-80 反接制动原理

*相关知识

一、速度继电器

速度继电器是反映转速和转向的继电器，其主要作用是以旋转速度的快慢为指令信号，与接触器配合实现对电动机的反接制动控制，故又称为反接制动继电器。

机床控制电路中常用的速度继电器有 JY1 型和 JFZ0 型。JY1 型速度继电器如图 1-81 所示。

1. 速度继电器的结构和工作原理

（1）结构　JY1 型速度继电器的结构如图 1-82a 所示，它主要由定子、转子、可动支架、触点及端盖组成。转子由永久磁铁制成，固定在转轴上；定子由硅钢片叠成并装有笼型短路绕组，能做小范围偏转；触点有两组，一组在转子正转时动作，另一组在转子反转时动作。

图 1-81　JY1 型速度继电器

（2）工作原理　JY1 型速度继电器的工作原理如图 1-82b 所示。使用时，速度继电器的转轴 6 与电动机的转轴连接在一起。当电动机旋转时，速度继电器的转子 7 随之旋转，在空间产生旋转磁场，旋转磁场在定子绕组 9 中产生感应电动势及感应电流，感应电流又与旋转磁场相互作用而产生电磁转矩，使得定子 8 以及与之相连的胶木摆杆 10 偏转。当定子偏转到一定角度时，胶木摆杆推动簧片 11，使继电器的触点动作。当转子转速减小到接近零时，由于定子的电磁转矩减小，胶木摆杆恢复原状态，触点也随即复位。速度继电器在电路中的电气符号如图 1-82c 所示。

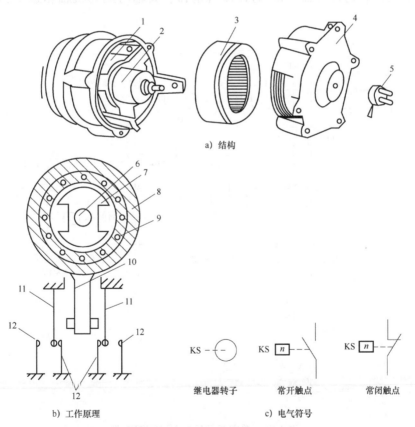

图 1-82　JY1 型速度继电器

1—可动支架　2、7—转子　3、8—定子　4—端盖　5—连接头　6—转轴　9—定子绕组
10—胶木摆杆　11—簧片（动触点）　12—静触点

2. 速度继电器的型号及含义

速度继电器的动作速度一般大于或等于100~300r/min，复位转速在100r/min以下。常用的速度继电器中，JY1型能在3000r/min以下可靠地工作，JFZ0型速度继电器的两组触点改用两个微动开关，使触点的动作速度不受定子偏转速度的影响，额定工作转速有300~1000r/min（JFZ0-1型）和1000~3000r/min（JFZ0—2型）两种。

JFZ0型速度继电器型号及含义如图1-83所示。

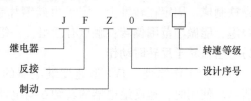

3. 速度继电器的选用

速度继电器主要根据所需控制的转速大小、触点的数量和电压、电流来选用。

图1-83 JFZ0型速度继电器型号及含义

二、单向起动反接制动控制电路

单向起动反接制动控制电路如图1-84所示。该电路的主电路和正反转控制电路的主电路相同，只是在反接制动时增加了3个限流电阻R。电路中KM1为正转运行接触器，KM2为反接制动接触器，KS为速度继电器，其轴与电动机轴相连（图1-84中用点画线表示）。

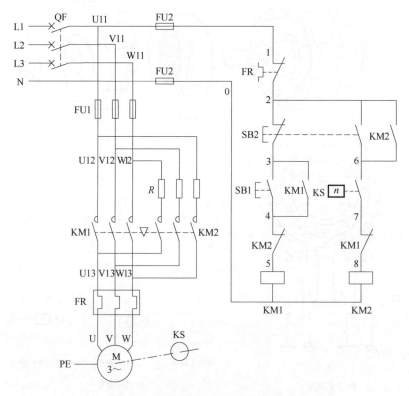

图1-84 单向起动反接制动控制电路

反接制动时，由于旋转磁场与转子的相对转速（n_1+n）很高，故转子绕组中感应电流很大，致使定子绕组中的电流也很大，一般约为电动机额定电流的10倍。因此，反接制动适用于10kW以下小功率电动机的制动，并且对4.5kW以上的电动机进行反接制动时，需

单元 1　电动机基本控制电路

在定子电路中串入限流电阻 R，以限制反接制动电流。限流电阻 R 的大小可参考下述经验计算公式进行估算。

在电源电压为 380V 时，若要使反接制动电流 I 等于电动机直接起动电流的 1/2，即 $I_{st}/2$，则三相电路每相应串入的电阻 R（Ω）值可取：

$$R \approx 1.5 \times \frac{220}{I_{st}} \tag{1-6}$$

若要使反接制动电流等于起动电流 I_{st}，则每相串入的电阻 R'（Ω）值可取：

$$R' \approx 1.3 \times \frac{220}{I_{st}} \tag{1-7}$$

如果反接制动时，只在电源两相中串接电阻，则电阻值应加大，分别取上述电阻值的 1.5 倍。

反接制动的优点是制动力强，制动迅速。其缺点是制动准确性差，制动过程中冲击强烈，易损坏传动零件，制动能量消耗大，不宜经常制动。因此，反接制动一般适用于制动要求迅速、系统惯性较大、不经常起动与制动的场合，如铣床、镗床、中型车床等主轴的制动控制。

*任务准备

一、识读电气图

如图 1-84 所示，电路的工作原理如下。
先合上电源开关 QF。
1）单向起动：
按下 SB1→KM1 线圈得电→KM1 联锁触点分断对 KM2 联锁
　　　　　　　　　　→KM1 自锁触点闭合自锁
　　　　　　　　　　→KM1 主触点闭合→电动机 M 起动运转→至电动机转速上升到一
　　　　　　　　　　　定值（120r/min 左右）时→KS 常开触点闭合，为制动做准备

2）反接制动：
按下复合按钮 SB2→SB2 常闭触点先分断→KM1 线圈失电→KM1 常开触点分断，解除自锁
　　　　　　　　　　　　　　　　　　　→KM1 联锁触点闭合
　　　　　　　　　　　　　　　　　　　→KM1 主触点分断，M 失电
　　　　　　→SB2 常开触点后闭合→KM2 线圈得电→KM2 联锁触点分断对 KM1 联锁
　　　　　　　　　　　　　　　　→KM2 自锁触点闭合自锁
　　　　　　　　　　　　　　　　→KM2 主触点闭合→电动机 M 串接电阻 R 反接制动→至电动机转速下
　　　　　　　　　　　　　　　　　降到一定值（100r/min 左右）时→KS 常开触点分断→KM2 线圈失电
　　　　　　→KM2 自锁触点分断，解除自锁
　　　　　　→KM2 联锁触点闭合
　　　　　　→KM2 主触点分断→电动机 M 脱离电源停转，反接制动结束

二、准备元器件和材料

根据电动机的规格选配工具、仪表和器材,并进行质量检验,见表1-13。

表1-13 工具、仪表和器材

工具	验电器、螺钉旋具、尖嘴钳、斜口钳、剥线钳、电工刀等电工常用工具				
仪表	ZC25—3型绝缘电阻表(500V)、DM3218A型钳形电流表、MF47型万用表				
器材	代号	名称	型号	规格	数量
	M	三相笼型异步电动机	Y112M—4	4kW、380V、8.8A、△联结、1440r/min	1
	QF	断路器	DZ47—32	380V、32A	1
	FU1	有填料式熔断器	RT18—32/20	380V、32A、配熔体20A	3
	FU2	有填料式熔断器	RT18—32/5	380V、32A、配熔体5A	2
	KM1、KM2	交流接触器	CJX2—0910	线圈电压220V	2
	FR	热继电器	JR36—20	三极、20A、热元件11A、整定电流8.8A	1
	SB1、SB2	按钮	LA4—2H	保护式	2
	KS	速度继电器	JFZ0—2		1
	XT	端子板	TD—AZ1	660V、20A	1
		控制板		600mm×700mm	1
		主电路塑铜线		BVR1.5mm^2	若干
		控制电路塑铜线		BVR1.0mm^2	若干
		按钮塑铜线		BVR0.75mm^2	若干
		接地塑铜线		BVR1.5mm^2(黄绿双色)	若干
		螺钉		ϕ5mm×20mm	若干
		编码套管		1.5mm^2	若干
		冷压接线头		1.5mm^2	若干
质检要求	(1)根据电动机规格,检验选配的工具、仪表、器材等是否满足要求 (2)电器元件外观应完整无损,附件、备件齐全 (3)用万用表、绝缘电阻表检测电器元件及电动机的技术数据是否符合要求				

*任务实施

安装步骤及工艺要求如前所述,安装注意事项如下。

1)安装速度继电器前,要弄清楚其结构,以及分辨出常开触点的接线端。

2)安装速度继电器时,采用速度继电器的连接头与电动机转轴直接连接的方法,并使两轴中心线重合。

3)通电试运行时,若制动不正常,可检查速度继电器是否符合规定要求。若需要调节速度继电器的调整螺钉时,必须切断电源,以防止出现相对地短路事故。

4)速度继电器动作值和返回值的调整,应先由指导教师示范后,再由学生自己调整。

5)制动操作不宜过于频繁。

单元1　电动机基本控制电路

> *检查评价

检查评价见表1-2。

理论知识试题精选

一、选择题

1. 速度继电器的作用是（　　）。
   A. 限制运行速度　　B. 速度计量　　C. 反接制动　　D. 能耗制动
2. 速度继电器主要由（　　）组成。
   A. 定子、转子、端盖、机座等部分
   B. 电磁机构、触点系统、灭弧装置和其他辅件等部分
   C. 定子、转子、端盖、可动支架、触点系统等部分
   D. 电磁机构、触点系统和其他辅件等部分
3. 异步电动机反接制动过程中，由电网供给的电磁功率和拖动系统供给的机械功率，（　　）转化为电动机转子的热损耗。
   A. 1/4部分　　B. 1/2部分　　C. 3/4部分　　D. 全部
4. 三相异步电动机反接制动时，采用对称制电阻接法，可以在限制制动转矩的同时，也限制（　　）。
   A. 制动电流　　B. 起动电流　　C. 制动电压　　D. 起动电压
5. 反接制动时，旋转磁场与转子相对的运动速度很大，致使定子绕组中的电流一般为额定电流的（　　）倍左右。
   A. 5　　B. 7　　C. 10　　D. 15
6. 反接制动时，旋转磁场反向转动，与电动机的转动方向（　　）。
   A. 相反　　B. 相同　　C. 不变　　D. 垂直
7. 反接制动电流一般为电动机额定电流的（　　）倍。
   A. 4　　B. 6　　C. 8　　D. 10

二、判断题

（　　）1. 反接制动是指依靠电动机定子绕组的电源相序来产生制动力矩，迫使电动机迅速停转的方法。

（　　）2. 反接制动由于制动时对电动机产生的冲击比较大，因此应串入限流电阻，而且仅用于小功率异步电动机。

操作技能试题精选

试题：三相异步电动机反接制动控制电路的安装接线。

考核要求：

1. 按图1-84正确使用工具和仪表熟练地安装接线。
2. 安装接线时采用板前槽板配线方式。
3. 电源和电动机配线、按钮接线要接到端子排上，要注明引出端子的标号。

4. 安全文明操作。

5. 操作时间：90min。

三相异步电动机反接制动控制电路的安装接线评分见表1-11。

任务1-8　能耗制动控制电路的安装调试

知识目标
♪ 了解能耗制动的概念。
♪ 了解单相半波整流能耗制动控制电路的组成、工作原理。

技能目标
♪ 掌握制动电阻和整流器的检测及选用。
♪ 正确进行单相半波整流能耗制动控制电路的安装、调试操作。

*任务描述

本任务主要学习制动电阻和整流器的识别及检测，并能够正确安装和调试单相半波整流能耗制动控制电路，如图1-85所示。单相半波整流能耗制动控制电路是用按钮、接触器、时间继电器等控制电动机制动的电路。

图1-85　单相半波整流能耗制动控制电路

*任务分析

能耗制动是指三相异步电动机切断交流电源后，立即在定子绕组的任意两相中通入直流电，利用转子感应电流受静止磁场的作用产生制动转矩，使电动机制动停机。其制动原理如图1-86所示。

单元 1 电动机基本控制电路

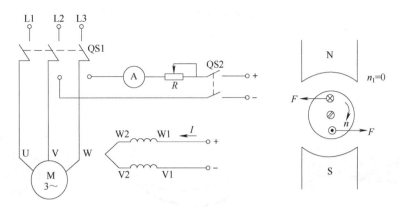

图 1-86 能耗制动原理

*相关知识

一、单相半波整流能耗制动控制电路

单相半波整流能耗制动控制电路如图 1-87 所示。该电路采用单相半波整流器作为直流电源，所用附加设备较少，电路简单，成本低，常用于 10kW 以下小功率电动机，且对制动要求不高的场合。

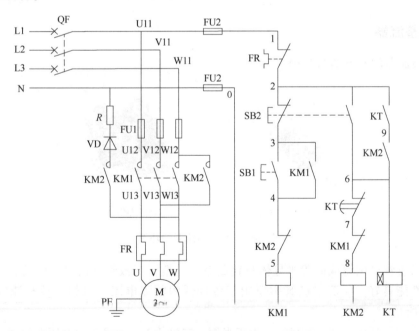

图 1-87 单相半波整流能耗制动控制电路

图 1-87 中 KT 常闭触点的作用是当 KT 出现线圈断线或机械卡阻等故障时，按下 SB2 按钮后能使电动机制动后脱离直流电源。

能耗制动的优点是制动准确、平稳，且能量消耗较小。其缺点是需要附加直流电源装

77

置,设备费用较高,制动力较弱,在低速时制动力矩小。因此能耗制动一般用于要求制动准确、平稳的场合,如磨床、立式铣床等的控制电路中。

二、制动电阻

常见制动电阻的外形如图 1-88 所示。

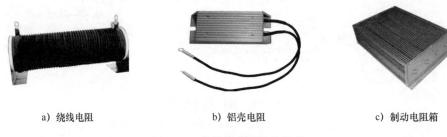

a) 绕线电阻　　　　　　b) 铝壳电阻　　　　　　c) 制动电阻箱

图 1-88　常见制动电阻的外形

一般采用以下方法估算能耗制动所需的制动电阻,其具体步骤如下。

1) 先测量出电动机任意两根进线之间的电阻 R_0 (Ω)。
2) 再测量出电动机带着传动装置运转的空载电流 I_0 (A)。
3) 计算出能耗制动所需的直流电流 $I_Z = KI_0$ (A), K 一般取 3.5~4。
4) 制动电阻的电阻值 $R = \dfrac{220 \times 0.45}{I_Z} - R_0$ (Ω), 电阻功率 $P_R = I_Z^2 R$ (W)。

三、整流器

常见整流器的外形如图 1-89 所示。

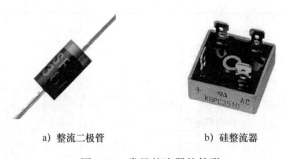

a) 整流二极管　　　　　　b) 硅整流器

图 1-89　常见整流器的外形

整流二极管可用锗或硅等半导体材料制造。硅整流二极管的击穿电压高,反向漏电流小,高温性能良好。整流二极管主要用于各种低频整流电路,单相半波整流电路及波形如图 1-90 所示。

在 $0 \sim \pi$ 时间段内,电源电压 u_1 为正半周,二极管 VD 承受正向电压而导通,负载电压 $u_L = u_1$。在 $\pi \sim 2\pi$ 时间段内,电源电压 u_1 为负半周,二极管 VD 承受反向电压而不导通,负载电压 $u_L = 0$。在 $2\pi \sim 3\pi$ 时间段内,重复 $0 \sim \pi$ 时间段的过程。如此反复工作,在负载上获得了一个单向脉动的直流电,达到整流目的。不难看出,单相半波整流电路电源利用率很低,因此常用在高电压、小电流的场合。

单元1 电动机基本控制电路

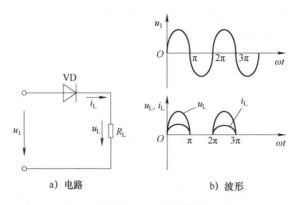

图1-90 单相半波整流电路及波形

一般采用以下方法估算能耗制动所需的整流二极管,其具体步骤如下。

1) 整流二极管的额定电压应大于反向峰值电压。

反向峰值电压 $U_{RM} = \sqrt{2}\,U_2 \approx 1.414 \times 220\text{V} \approx 311\text{V}$

整流二极管的额定电压选用400V。

2) 整流二极管的额定电流应大于 $1.25 I_Z$。

*任务准备

一、识读电气图

如图1-87所示,电路的工作原理如下。

先合上电源开关QF。

1) 单向起动运行。

按下SB1→KM1线圈得电→KM1(7-8)分断对KM2联锁
　　　　　　　　　→KM1(3-4)闭合自锁
　　　　　　　　　→KM1主触点闭合→电动机M起动运转

2) 能耗制动停转。

按下按钮SB2→SB2(2-3)先分断→KM1线圈失电→KM1(3-4)分断,解除自锁
　　　　　　　　　　　　　　　　　　　　→KM1主触点分断→电动机M失电并惯性运转
　　　　　　　　　　　　　　　　　　　　→KM1(7-8)闭合
　　　　　→SB2(2-6)后闭合→KM2线圈得电→KM2(4-5)分断对KM1联锁
　　　　　　　　　　　　　　　　　　　　→KM2(6-9)闭合自锁
　　　　　　　　　　　　　　　　　　　　→KM2主触点闭合→电动机M接入直流电能耗制动
　　　　　　　　　　　　　→KT线圈得电→KT(2-9)瞬时闭合按钮自锁
　　　　　　　　　　　　　　　　　　　→KT(6-7)延时后分断→KM2线圈失电──┐
　　　　　　　　　　　　　　　　　　　　　　　　　　　　　　　　　　　　│
→KM2(6-9)分断→KT线圈失电→KT触点瞬时复位
→KM2主触点分断→电动机M切断直流电源并停转,能耗制动结束
→KM2(4-5)恢复闭合

由以上分析可知,只要调整好时间继电器 KT 触点动作时间,能耗制动过程就能够准确可靠地完成制动控制,使电动机停止运行。

二、准备元器件和材料

根据电动机的规格选配工具、仪表和器材,并进行质量检验,见表 1-14。

表 1-14 工具、仪表和器材

工具	验电器、螺钉旋具、尖嘴钳、斜口钳、剥线钳、电工刀等电工常用工具				
仪表	ZC25—3 型绝缘电阻表(500V)、DM3218A 型钳形电流表、MF47 型万用表				
器材	代号	名称	型号	规格	数量
	M	三相笼型异步电动机	Y112M—4	4kW、380V、8.8A、△联结、1440r/min	1
	QF	断路器	DZ47—32	380V、32A	1
	FU1	有填料式熔断器	RT18—32/20	380V、32A、配熔体 20A	3
	FU2	有填料式熔断器	RT18—32/5	380V、32A、配熔体 5A	2
	KM1、KM2	交流接触器	CJX2—0910	线圈电压 220V	2
	FR	热继电器	JR36—20	三极、20A、热元件 11A、整定电流 8.8A	1
	SB1、SB2	按钮	LA4—2H	保护式	2
	KT	时间继电器	JSZ3C—A	220V、5A	1
	R	制动电阻		2Ω、100W	1
	VD	二极管	2CZ30A	400V、30A	4
	XT	端子板	TD—AZ1	660V、20A	1
		控制板		600mm×700mm	1
		主电路塑铜线		BVR1.5mm^2	若干
		控制电路塑铜线		BVR1.0mm^2	若干
		按钮塑铜线		BVR0.75mm^2	若干
		接地塑铜线		BVR1.5mm^2(黄绿双色)	若干
		螺钉		ϕ5mm×20mm	若干
		编码套管		1.5mm^2	若干
		冷压接线头		1.5mm^2	若干
质检要求	(1)根据电动机的规格检验选配的工具、仪表、器材等是否满足要求 (2)电器元件外观应完整无损,附件、备件齐全 (3)用万用表、绝缘电阻表检测电器元件及电动机的技术数据是否符合要求				

*任务实施

安装步骤及工艺要求如前所述,安装注意事项如下。

1)时间继电器的整定时间不宜过长,以免能耗制动时间过长引起电动机定子绕组发热。

2)整流二极管需要配装散热器和固定散热器支架,制动电阻不能安装在控制板上。

3）进行制动时，停止按钮一定要按到底。

*检查评价

检查评价见表1-2。

理论知识试题精选

一、选择题

1. 三相异步电动机采用能耗制动时，电动机处于（　　）运行状态。
   A. 电动　　　　B. 发电　　　　C. 起动　　　　D. 调速
2. 三相异步电动机采用能耗制动时，当切断电源后将（　　）。
   A. 转子回路串入电阻　　　　　　B. 定子任意两相绕组进行反接
   C. 转子绕组进行反接　　　　　　D. 定子绕组送入直流电
3. 对于要求制动准确、平稳的场合，应采用（　　）制动。
   A. 反接　　　　B. 能耗　　　　C. 电容　　　　D. 再生发电
4. 三相异步电动机的能耗制动是向三相异步电动机定子绕组中通入（　　）电流。
   A. 单相交流　　B. 三相交流　　C. 直流　　　　D. 反相序三相交流

二、判断题

（　　）1. 能耗制动的制动力矩与通入定子绕组中的直流电流成正比，因此电流越大越好。

（　　）2. 当电动机切断交流电源后，立即在定子绕组中通入直流电，迫使电动机停转的方法称为能耗制动。

操作技能试题精选

试题：三相异步电动机能耗制动控制电路的安装接线。

考核要求：

1. 按图1-87正确使用工具和仪表熟练地安装接线。
2. 安装接线时采用板前槽板配线方式。
3. 电源和电动机配线、按钮接线要接到端子排上，要注明引出端子的标号。
4. 安全文明操作。
5. 操作时间：120min。

三相异步电动机能耗制动控制电路的安装接线评分见表1-11。

任务1-9　多速异步电动机控制电路的安装调试

> **知识目标**
> ♪ 了解多速异步电动机的基本知识。
> ♪ 了解多速异步电动机控制电路的组成、工作原理。

技能目标

♪ 掌握多速异步电动机的接线。
♪ 正确进行多速异步电动机控制电路的安装、调试。

*任务描述

本任务主要学习双速电动机的接线,并能够正确安装和调试双速电动机控制电路,如图 1-91 所示。

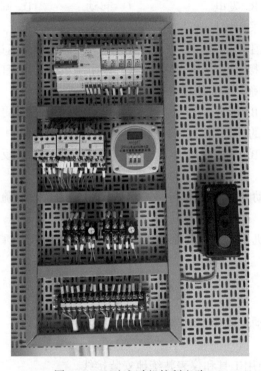

图 1-91 双速电动机控制电路

*任务分析

由三相异步电动机的转速公式 $n \approx (1-s)\dfrac{60f_1}{p}$ 可知,改变异步电动机转速可以通过 3 种方法来实现:一是改变电源频率 f_1;二是改变转差率 s;三是改变磁极对数 p。

改变异步电动机磁极对数的调速方法称为变极调速。变极调速是通过改变定子绕组的连接方式来实现的,属于有级调速,而且只适用于笼型异步电动机。磁极对数可改变的电动机称为多速电动机。常见的多速电动机有双速、三速、四速等几种类型。

双速异步电动机三相定子绕组的 △-YY 接线如图 1-92 所示。图中三相定子绕组接成△联结,由 3 个连接点引出 3 个出线端 U1、V1、W1,从每相绕组的中性点各引出一个出线端 U2、V2、W2,这样定子绕组共有 6 个出线端。通过改变这 6 个出线端与电源的连接方式,就可以得到两种不同的转速。

电动机低速工作时，把三相电源分别接在出线端 U1、V1、W1 上，另外 3 个出线端 U2、V2、W2 空着不接，如图 1-92a 所示，此时电动机定子绕组接成△联结，磁极为 4 极，同步转速为 1500r/min。

电动机高速工作时，把 3 个出线端 U1、V1、W1 并接在一起，三相电源分别接到另外 3 个出线端 U2、V2、W2 上，如图 1-92b 所示，这时电动机定子绕组成 YY 联结，磁极为 2 极，同步转速为 3000r/min。可见，双速异步电动机高速运转时的转速是低速运转转速的两倍。

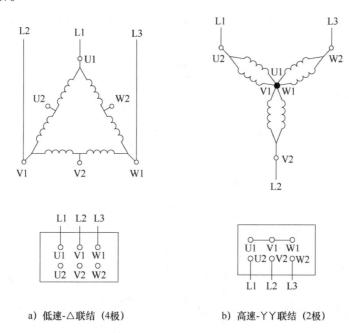

a) 低速-△联结（4极）　　　b) 高速-YY联结（2极）

图 1-92　双速异步电动机三相定子绕组的△-YY 接线

*相关知识

用按钮和接触器控制双速异步电动机的控制电路如图 1-93 所示。其中，SB1、KM1 控制电动机低速运行，SB2、KM2、KM3 控制电动机高速运行。

电路工作原理如下。

先合上电源开关 QF。

1) △联结低速起动运行：

按下SB1→SB1常闭触点先分断，对KM2、KM3联锁
　　　　└→SB1常开触点后闭合→KM1线圈得电→KM1联锁触点分断对KM2、KM3联锁
　　　　　　　　　　　　　　　　　　　　　　└→KM1自锁触点闭合自锁
　　　　　　　　　　　　　　　　　　　　　　└→KM1主触点闭合→电动机M接成△联结低速起动运行

2) YY联结高速起动运行：

按下SB2 → SB2常闭触点先分断 → KM1线圈失电 → KM1自锁触点分断，解除自锁
　　　　　　　　　　　　　　　　　　　　→ KM1联锁触点闭合
　　　　　　　　　　　　　　　　　　　　→ KM1主触点分断
　　　　　→ SB2常开触点后闭合 → KM2、KM3线圈同时得电 → KM2、KM3联锁触点分断对KM1联锁
　　　　　　　　　　　　　　　　　　　　　　　　　　→ KM2、KM3自锁触点闭合自锁
　　　　　　　　　　　　　　　　　　　　　　　　　　→ KM2、KM3主触点闭合 → 电动机M接成
　　　　　　　　　　　　　　　　　　　　　　　　　　　YY联结高速起动运行

3）停转时，按下SB3按钮，接触器KM1、KM2、KM3线圈均断电，触头复位，电动机断电停止运行。

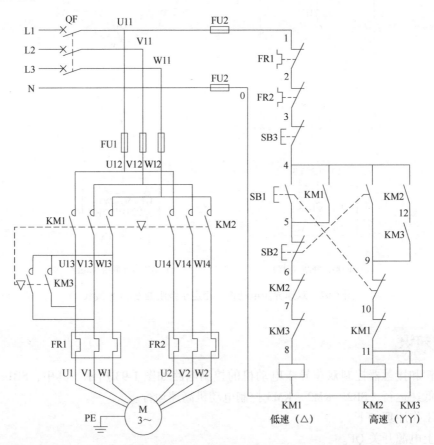

图1-93 用按钮和接触器控制双速异步电动机的控制电路

*任务准备

一、识读电气图

按钮和时间继电器控制双速异步电动机的控制电路，如图1-94所示。时间继电器KT控制电动机△联结的起动时间和△-YY的自动转换运行。

单元1 电动机基本控制电路

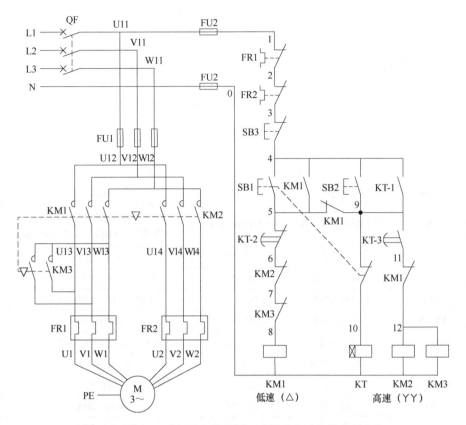

图1-94 按钮和时间继电器控制双速异步电动机的控制电路

电路工作原理如下。

先合上电源开关 QF。

1）△联结低速起动运行：

按下SB1→SB1常闭触点先分断，对KM2、KM3联锁

　└→SB1常开触点后闭合→KM1线圈得电→KM1联锁触点分断对KM2、KM3联锁

　　　　　　　　　　　　└→KM1自锁触点闭合自锁

　　　　　　　　　　　　└→KM1主触点闭合→电动机M以△联结低速起动运行

2）丫丫联结高速运行：

按下SB2→KT线圈得电→KT-1常开触点瞬时闭合自锁，经KT整定时间─┐

┌───┘
├→KT-2先分断→KM1线圈失电→KM1常开触点均分断

│　　　　　　　　　　　　└→KM1常闭触点恢复闭合

└→KT-3后闭合→KM2、KM3线圈同时得电→KM2、KM3联锁触点分断对KM1联锁

　　　　　　　　　　　　　　　　　└→KM2、KM3主触点闭合→电动机M成丫丫联结高速运行

3）停转时，按下 SB3 按钮，接触器 KM1、KM2、KM3、KT 线圈均断电，触点复位，电动机断电停止运行。

若电动机只需高速运行,可直接按下 SB2 按钮,则电动机△联结低速起动,丫丫联结高速运行。

二、准备元器件和材料

根据电动机的规格选配工具、仪表和器材,并进行质量检验,见表 1-15。

表 1-15 工具、仪表和器材

工具	验电器、螺钉旋具、尖嘴钳、斜口钳、剥线钳、电工刀等电工常用工具				
仪表	ZC25—3 型绝缘电阻表(500V)、DM3218A 型钳形电流表、MF47 型万用表				
器材	代号	名称	型号	规格	数量
	M	三相笼型异步电动机	YD112M—4/2	3.3kW/4kW、380V、7.4A/8.6A、△/丫丫联结、1440r/min 或 2890r/min	1
	QF	断路器	DZ47—32	380V、32A	1
	FU1	有填料式熔断器	RT18—32/20	380V、32A、配熔体 20A	3
	FU2	有填料式熔断器	RT18—32/5	380V、32A、配熔体 5A	2
	KM1~KM3	交流接触器	CJX2—0910	线圈电压 220V	3
	FR1、FR2	热继电器	JR36—20	三极、20A、热元件 11A、整定电流 8.8A	2
	KT	时间继电器	JSZ3C—A	线圈电压 220V	1
	SB1~SB3	按钮	LA4—3H	保护式	3
	XT	端子板	TD—AZ1	660V、20A	1
		控制板		600mm×700mm	1
		主电路塑铜线		BVR1.5mm^2	若干
		控制电路塑铜线		BVR1.0mm^2	若干
		按钮塑铜线		BVR0.75mm^2	若干
		接地塑铜线		BVR1.5mm^2(黄绿双色)	若干
		螺钉		ϕ5mm×20mm	若干
		编码套管		1.5mm^2	若干
		冷压接线头		1.5mm^2	若干
质检要求	(1) 根据电动机规格,检验选配的工具、仪表、器材等是否满足要求 (2) 电器元件外观应完整无损,附件、备件齐全 (3) 用万用表、绝缘电阻表检测电器元件及电动机的技术数据是否符合要求				

*任务实施

安装步骤及工艺要求如前所述,安装注意事项如下。

1) 接线时,注意主电路中接触器 KM1、KM2 在两种转速下电源相序的改变,不能接错;否则两种转速下电动机的转向相反,换向时将产生很大的冲击电流。

2) 控制双速异步电动机△联结的接触器 KM1 和丫丫联结的 KM2 的主触点不能对换接线;否则不但无法实现双速控制要求,而且会在丫丫联结运行时造成电源短路事故。

3）热继电器 FR1、FR2 的整定电流及其在主电路中的接线不要搞错。

*检查评价

检查评价见表 1-2。

*知识拓展

三速异步电动机是在双速异步电动机的基础上发展而来的。在三速异步电动机的定子槽内嵌放两套绕组，一套为三角形联结绕组，另一套为星形联结绕组。适当变换这两套绕组的联结方法，就可以改变电动机的磁极对数，使电动机具有高速、中速和低速 3 种不同的转速。

如图 1-95 所示，三速异步电动机共有 10 个接线端子，分别为 U1、U2、U3、U4、V1、V2、V4、W1、W2 和 W4。

1）低速三角形联结。U1 接 L1 相，V1 接 L2 相，W1 与 U3 短接后接 L3 相，其余端子空着不接。

2）中速星形联结。U4 接 L1 相，V4 接 L2 相，W4 接 L3 相，其余端子空着不接。

3）高速双星形联结。U1、V1、W1、U3 接线端子短接，U2 接 L1 相，V2 接 L2 相，W2 接 L3 相，剩余的 3 个端子空着不接。

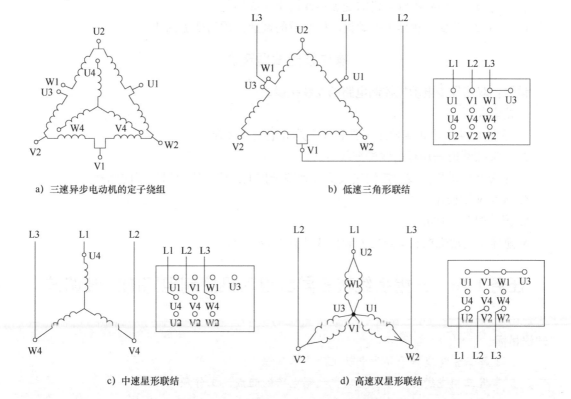

图 1-95 三速异步电动机定子绕组接线

理论知识试题精选

一、选择题

1. 采用△-丫丫联结的三相变极双速异步电动机变极调速时，调速前后电动机的（　　）基本不变。
   A. 输出转矩　　　B. 输出转速　　　C. 输出功率　　　D. 磁极对数

2. 双速电动机的调速属于（　　）调速方法。
   A. 变频　　　B. 改变转差率　　　C. 改变磁极对数　　　D. 降低电压

3. 三相异步电动机变极调速的方法一般只适用于（　　）。
   A. 笼型异步电动机　　　　　　B. 绕线转子异步电动机
   C. 同步电动机　　　　　　　　D. 交流伺服电动机

4. 定子绕组接成△联结的4极电动机，接成丫丫联结后，磁极对数为（　　）。
   A. 1　　　B. 2　　　C. 4　　　D. 5

5. 三速异步电动机有两套定子绕组，第一套双速绕组可接成（　　）联结；第二套绕组只接成丫联结。
   A. 丫联结　　　B. △联结　　　C. 丫丫联结　　　D. △或丫丫联结

二、判断题

（　　）1. 三相异步电动机的变极调速属于无级调速。

（　　）2. 改变三相异步电动机磁极对数的调速，称为变极调速。

操作技能试题精选

试题：双速异步电动机控制电路的安装接线。

考核要求：

1. 按图1-94所示正确使用工具和仪表熟练地安装接线。
2. 安装接线时采用板前线槽配线方式。
3. 电源和电动机配线、按钮接线要接到端子排上，要注明引出端子的标号。
4. 安全文明操作。
5. 操作时间：180min。

双速异步电动机控制电路的安装接线评分见表1-11。

任务1-10　三相绕线转子异步电动机控制电路的安装调试

知识目标

♪ 了解三相绕线转子异步电动机的基本知识。
♪ 掌握三相绕线转子异步电动机控制电路的组成、工作原理。
♪ 了解电磁制动器的基本知识。

技能目标

♪ 掌握三相绕线转子异步电动机的接线方法。
♪ 正确进行三相绕线转子异步电动机控制电路的安装调试。

*任务描述

在生产实际中，很多设备需要由具有较大的起动力矩和较小的起动电流的电动机拖动，笼型异步电动机不能满足这种起动性能的要求，在这种情况下可采用绕线转子异步电动机拖动。三相绕线转子异步电动机的外形及电气符号如图1-96所示。

a）外形 b）电气符号

图1-96 三相绕线转子异步电动机的外形及电气符号

本任务主要学习三相绕线转子异步电动机的接线方法，并能够正确安装和调试三相绕线转子异步电动机控制电路。

*任务分析

三相绕线转子异步电动机适用于重载起动的场合，如起重机、卷扬机、金属切削机床、轧钢设备等。它的原理就是改变转子绕组的电阻，以改变异步电动机的转差率，从而改变电动机的转矩。

三相绕线转子异步电动机可以通过集电环在转子绕组中串接电阻来改善电动机的机械特性，从而达到减小起动电流、增大起动转矩以及调节转速的目的。

*相关知识

三相绕线转子异步电动机是异步电动机的一种。异步电动机按转子绕组形式，分为绕线式和笼型。

一、三相绕线转子异步电动机的组成

三相绕线转子异步电动机由定子和转子两部分组成。

定子是电动机的固定部分，用于产生旋转磁场，主要由定子铁心、定子绕组和基座等部件组成。定子三相绕组的6个出线端都通过机座上的接线盒引出，如图1-97所示。

转子是电动机的转动部分，由转子铁心、转子绕组和转轴等部件组成，其作用是在旋转磁场作用下获得转动力矩。三相绕线转子异步电动机的转子如图1-98所示。

图 1-97　三相绕线转子异步电动机的定子

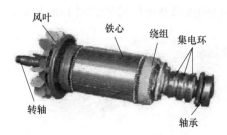

图 1-98　三相绕线转子异步电动机的转子

二、三相绕线转子异步电动机的特点和用途

三相绕线转子异步电动机具有结构简单、使用方便、运行可靠、效率较高，以及制造容易、成本低廉等优点。

以电力电子器件和微型计算机为基础发展起来的三相绕线转子异步电动机交流调速系统，使绕线转子异步电动机的调速性能得以改进，因而其用途更加广泛。

三、三相绕线转子异步电动机的起动原理

1. 转子回路串接电阻器起动

三相绕线转子异步电动机起动时，在转子回路串入用于丫联结、分级切换的三相起动电阻，并把可变电阻器放到最大位置，随着电动机转速的升高，逐级减小可变电阻。起动完毕后，切除电阻器，转子绕组被直接短接，电动机便在额定状态下运行。这种起动方法的优点是不仅能够减少起动电流，而且能使起动转矩保持较大范围，适用于需要重载起动的设备。其缺点是所需的起动设备较多，一部分能量消耗在起动电阻上，而且起动级数较少。

三相绕线转子异步电动机转子绕组中串接的外加电阻在每段切除前和切除后，三相电阻始终是对称的，称为三相对称电阻，如图 1-99a 所示；起动过程中依次切除 R_1、R_2、R_3，最后全部电阻均被切除。与上述相反，起动时串入的三相电阻是不对称的，而每段切除后三相电阻仍不对称，称为三相不对称电阻，如图 1-99b 所示；起动过程中依次切除 R_1、R_2、R_3、R_4、R_5，最后全部电阻均被切除。

如果电动机要调速，将可变电阻调到相应的位置即可，这时可变电阻便成为调速电阻。

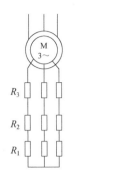 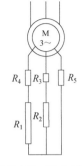

a) 转子串接三相对称电阻　　　　b) 转子串接三相不对称电阻

图 1-99　转子绕组串接三相电阻

2. 转子回路串接频敏变阻器起动

三相绕线转子异步电动机采用转子绕组串接电阻的起动方法，要想获得良好的起动特性，一般需要将起动电阻分为多级，这样所用的电器较多，控制电路复杂，设备投资大，维修不便，并且在逐渐切除电阻的过程中，会产生一定的机械冲击。因此，在工矿企业中对于不频繁起动的设备，广泛采用频敏变阻器代替起动电阻来控制三相绕线转子异步电动机的起动。

频敏变阻器如图 1-100 所示，是一种阻抗值随频率明显变化（敏感于频率）、静止的无触点电磁元件，它实质上是一个铁心损耗非常大的三相铁心电抗器。频敏变阻器有一个三柱形铁心，每个铁心柱上有一个绕组，三相绕组一般接成星形。频敏变阻器的阻抗随着电流频率的变化而有明显的变化，电流频率高时，阻抗值也高，电流频率低时，阻抗值也低。频敏变阻器的这一频率特性非常适合于控制异步电动机的起动过程，在电动机起动时，将频敏变阻器串接在转子绕组中，由于频敏变阻器的等值阻抗随转子电流频率减小而减小，从而达到自动变阻的目的，因此只需要用一级频敏变阻器就可以平稳地把电动机起动起来，当起动完毕后切除频敏变阻器。

 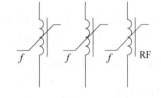

a) 外形　　　　　　　　b) 电气符号

图 1-100　频敏变阻器

用频敏变阻器起动绕线转子异步电动机的优点是起动性能好，无电流和机械冲击，结构简单，价格低廉，使用维护方便；其缺点是由于有电感存在，功率因数较低，起动转矩较小。因此，当三相绕线转子异步电动机在轻载起动时，采用频敏变阻器起动时其优点比较明显；反之重载起动时，一般采用串接电阻起动。

*任务准备

一、识读电路图

1）识读时间继电器自动控制的转子绕组串接电阻起动电路（见图1-101）。

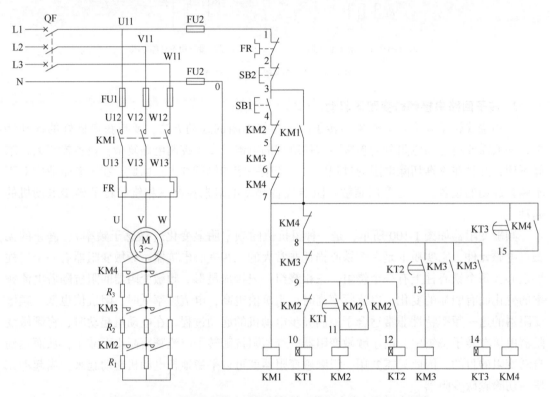

图1-101 时间继电器自动控制的转子绕组串接电阻起动电路

该电路是采用转子电阻平衡短接法，用3个时间继电器KT1、KT2、KT3和3个接触器KM2、KM3、KM4的相互配合来依次自动切除转子绕组中三级外加电阻R_1、R_2、R_3。

合上电源开关QF，电路工作过程如下。

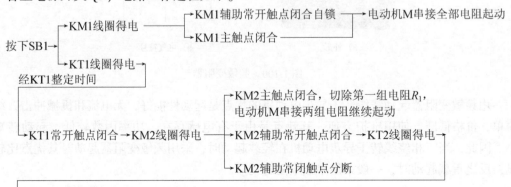

单元1 电动机基本控制电路

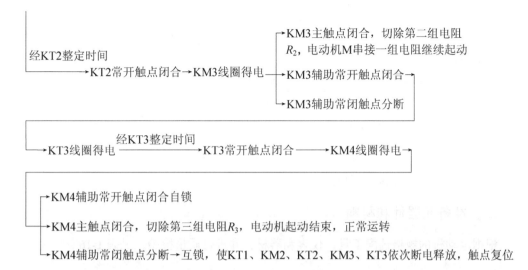

与起动按钮 SB1 串接的接触器 KM2、KM3 和 KM4 辅助常闭触点的作用是保证让电动机在转子绕组中接入全部外加电阻的条件下才能起动。如果接触器 KM2、KM3 和 KM4 中任何一个触点因熔焊或机械故障而没有释放时,起动电阻就没有被全部接入转子绕组中,从而使起动电流超过规定值。

停止时,按下 SB2 按钮即可。

2)识读转子绕组串接频敏变阻器起动电路(见图 1-102)。

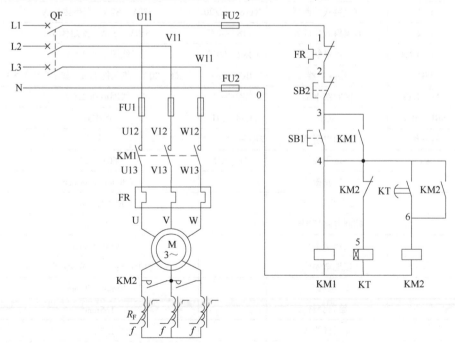

图 1-102 转子绕组串接频敏变阻器起动电路

电路工作过程如下。

合上电源开关 QF。

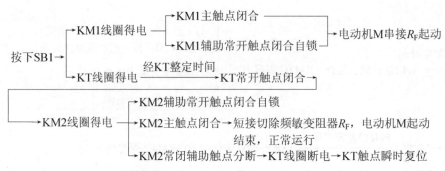

停止时，按下 SB2 按钮即可。

二、准备元器件和材料

根据电动机的规格选配工具、仪表和器材，并进行质量检验，见表1-16。

表1-16 工具、仪表和器材

	工具	验电器、螺钉旋具、尖嘴钳、斜口钳、剥线钳、电工刀等电工常用工具			
	仪表	ZC25—3 型绝缘电阻表（500V）、DM3218A 型钳形电流表、MF47 型万用表			
器材	代号	名称	型号	规格	数量
	M	三相绕线转子异步电动机	YZR132M1—6	2.2kW、6.05A、380V、908r/min	1
	QF	断路器	DZ47—32	380V、32A	1
	FU1	有填料式熔断器	RT18—32/20	380V、32A、配熔体20A	3
	FU2	有填料式熔断器	RT18—32/5	380V、32A、配熔体5A	2
	KM1～KM4	交流接触器	CJX2—0910	线圈电压220V	4
	FR1	热继电器	JR36—20	三极、20A、热元件11A、整定电流8.8A	1
	KT1～KT3	时间继电器	JSZ3C—A	线圈电压220V	3
	SB1、SB2	按钮	LA4—3H	保护式	2
	R_1～R_3	起动电阻器	2K1—12—6/1	只	3
	XT	端子板	TD—AZ1	660V、20A	1
		控制板		600mm×700mm	1
		主电路塑铜线		BVR1.5mm²	若干
		控制电路塑铜线		BVR1.0mm²	若干
		按钮塑铜线		BVR0.75mm²	若干
		接地塑铜线		BVR1.5mm²（黄绿双色）	若干
		螺钉		φ5mm×20mm	若干
		编码套管		1.5mm²	若干
		冷压接线头		1.5mm²	若干
质检要求	（1）根据电动机规格，检验选配的工具、仪表、器材等是否满足要求 （2）电器元件外观应完整无损，附件、备件齐全 （3）用万用表、绝缘电阻表检测电器元件及电动机的技术数据是否符合要求				

*任务实施

安装步骤及工艺要求如前所述，安装注意事项如下。

1）时间继电器和热继电器的整定值应由学生在通电前自行整定。

2）电阻器要尽可能放在箱体内，若置于箱体外，必须采取遮护或隔离措施，以防止发生触电事故。

3）通电试运行前要认真检查接线是否正确、牢靠，各电器动作是否正常，有无卡阻现象。

4）若遇异常情况，应立即断开电源停机检查。学生应独立进行检修，但通电试运行和带电检修时，必须有指导教师在现场监护。

5）训练应在规定的定额时间内完成，同时要做到安全操作和文明生产。

6）工具和仪表使用要正确。

*检查评价

检查评价见表1-2。

*知识拓展

诸如起重机、组合机床等都要求能迅速停车和准确定位。由于惯性的关系，三相异步电动机从切断电源到完全停止旋转总要经过一段时间，这样就使非生产时间拖长，不能适应某些生产机械的工艺要求。在实际生产中，为了保证工作设备的可靠性和人身安全，也为了实现快速、准确停机，对要求停转的电动机采取措施强迫其迅速停机称为制动。制动方式包括机械制动和电气制动。机械制动分为电磁抱闸制动、电磁离合器制动等；电气制动有反接制动、能耗制动和回馈制动等，其实质是使电动机产生一个与原来转子的转动方向相反的制动转矩。

1. 电磁抱闸制动器

（1）电磁抱闸制动器的结构与电气符号　电磁抱闸制动器是利用电磁吸力来操纵机械装置，以完成预期的动作，是将电能转化为机械能的一种低压电器，如图1-103所示。

（2）电磁抱闸制动器的种类　电磁抱闸制动器分为断电制动型和通电制动型两种。断电制动型的工作原理是：当制动电磁铁的线圈得电时，制动器的闸瓦与闸轮分开，无制动作用；当线圈失电时，制动器的闸瓦紧紧抱住闸轮制动。通电制动型的工作原理是：当制动电磁铁的线圈得电时，闸瓦紧紧抱住闸轮制动；当线圈失电时，制动器的闸瓦与闸轮分开，无制动作用。

（3）电磁抱闸制动器的选择

1）根据机械负荷的要求选择电磁抱闸制动器的种类和结构型式。

2）根据控制系统电压选择电磁铁线圈电压。

3）电磁铁的功率应大于或等于制动功率。

（4）电磁抱闸制动器的安装与使用

1）安装前应清除灰尘和污垢，并检查衔铁有无机械卡阻。

2）电磁铁要牢固地固定在底座上，并在紧固螺钉下放置弹簧垫圈锁紧。要调整好制动电磁铁与制动器之间的连接关系，保证制动器获得所需的制动力矩。

3）电磁铁应按接线图接线，并接通电源，操作数次，检查衔铁动作是否正常以及有无噪声。

4）定期检查衔铁行程的大小，该行程在运行过程中由于制动面的磨损而增大。当衔铁行程达到正常值时即进行调整，以恢复制动面和转盘间的最小空隙。不让行程增加到正常值以上，因为这样可能引起吸力的显著下降。

5）检查连接螺钉的旋紧程度，注意可动部分的机械磨损。

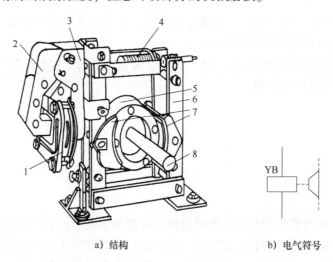

a）结构　　　　　　　　b）电气符号

图 1-103　电磁抱闸制动器的结构及电气符号
1—线圈　2—衔铁　3—铁心　4—弹簧　5—闸轮　6—杠杆　7—闸瓦　8—轴

2. 电磁抱闸制动器制动控制电路

电磁抱闸制动器断电制动控制电路如图 1-104 所示。

电路工作原理如下。

合上电源开关 QF：

1）起动运转：按下起动按钮 SB1，接触器 KM 线圈得电，其自锁触点和主触点闭合，电动机 M 接通电源，同时电磁抱闸制动器 YB 线圈得电，衔铁与铁心吸合，衔铁克服弹簧拉力，迫使制动杠杆向上移动，从而使制动器的闸瓦与闸轮分开，电动机正常运转。

2）制动停转：按下停止按钮 SB2，接触器 KM 的线圈失电，其自锁触点和主触点分断，电动机 M 失电，同时电磁抱闸制动器线圈 YB 也失电，衔铁与铁心分开，在弹簧拉力的作用下闸瓦紧紧抱住闸轮，使电动机迅速制动而停转。

理论知识试题精选

一、选择题

1. 转子绕组串电阻起动适用于（　　）。
   A. 笼型异步电动机　　　　　　B. 绕线转子异步电动机
   C. 串励直流电动机　　　　　　D. 并励直流电动机

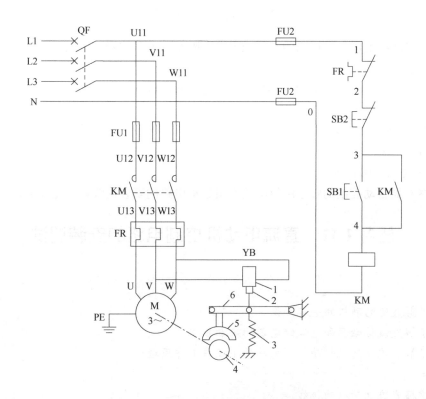

图 1-104 电磁抱闸制动器断电制动控制电路
1—线圈　2—衔铁　3—弹簧　4—闸轮　5—闸瓦　6—杠杆

2. 三相绕线转子异步电动机的转子电路中串入一个调速电阻属于（　　）调速。
A. 变极　　　　B. 变频　　　　C. 变转差率　　　　D. 电容
3. 三相绕线转子异步电动机的调速控制可采用（　　）的方法。
A. 改变电源频率　　　　B. 改变定子绕组磁极对数
C. 转子回路串联频敏变阻器　　　　D. 转子回路串联可调电阻
4. 频敏变阻器是一种阻抗值随（　　）明显变化、静止的无触点的电磁元件。
A. 频率　　　　B. 电压　　　　C. 转差率　　　　D. 电流
5. 转子绕组串接频敏变阻器起动的方法不适用于（　　）起动。
A. 空载　　　　B. 轻载　　　　C. 重载　　　　D. 空载或轻载

二、判断题

（　　）1. 要使三相绕线转子异步电动机的起动转矩为最大转矩，可以用在转子回路中串入合适电阻的方法来实现。

（　　）2. 只要在三相绕线转子异步电动机的转子电路中接入调速电阻，改变电阻大小，就可平滑调速。

（　　）3. 三相绕线转子异步电动机不能直接起动。

（　　）4. 三相绕线转子异步电动机转子串频敏电阻器起动是为了限制起动电流，增大起动转矩。

操作技能试题精选

试题：时间继电器自动控制的转子绕组串电阻起动电路的安装接线。
考核要求：
1. 按图 1-101 所示正确使用工具和仪表熟练地安装接线。
2. 安装接线时采用板前线槽配线方式。
3. 电源和电动机配线、按钮接线要接到端子排上，要注明引出端子的标号。
4. 安全文明操作。
5. 操作时间：180min。

时间继电器自动控制的转子绕组串接电阻起动电路的安装接线评分见表 1-11。

任务 1-11　直流电动机控制电路的安装调试

知识目标
　♪ 了解直流电动机的基本知识。
　♪ 了解直流接触器和电流继电器的基本知识。
　♪ 了解直流电动机起动控制电路的组成与工作原理。
技能目标
　♪ 掌握直流电动机的接线。
　♪ 学会直流接触器和电流继电器的识别与检测。
　♪ 能正确进行直流电动机起动控制电路的安装与调试。

*任务描述

本任务主要学习直流电动机和直流电气设备，并能够正确安装和调试直流电动机控制电路。

*任务分析

与交流电动机相比，直流电动机具有起动转矩大、调速范围宽、调速精度高、能够实现无级平滑调速以及可以频繁起动等一系列优点，故对需要在大范围内实现无级平滑调速，或需要大起动转矩的生产机械，常用直流电动机来拖动，如高精度金属切削机床、轧钢机、造纸机、龙门刨床、电力机车等生产机械。

直流电动机按照主磁极绕组与电枢绕组接线方式的不同，可以分为他励式和自励式两种，自励式又可分为并励、串励和复励等几种。并励直流电动机外形如图 1-105a 所示。

并励直流电动机励磁绕组与电枢绕组并联，并可通过调节电阻 RP 的大小来调节励磁电流。它的特点是励磁绕组匝数多，导线截面积较小，励磁电流只占电枢电流的一小部分。并励直流电动机的接线如图 1-105b 所示。

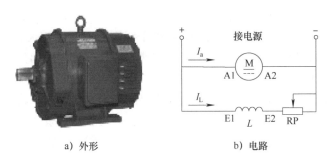

a) 外形　　　　　　　　b) 电路

图 1-105　并励直流电动机

> *相关知识

直流电动机常用的起动方法有两种：一是电枢回路串联电阻起动；二是降低电源电压起动。对并励直流电动机常采用的是电枢回路串联电阻起动。

一、手动起动控制电路

BQ3 直流电动机起动变阻器用于小功率而电压不超过 220V 的直流电动机起动。它主要由电阻元件、调节转换装置和外壳三大部分组成。其外形如图 1-106 所示。

并励直流电动机手动起动控制电路如图 1-107 所示。电路 4 个接线端 E1、L+、A1 和 L- 分别与电源、电枢绕组和励磁绕组相连。手轮 8 附有衔铁 9 和恢复弹簧 10，弧形铜条 7 的一端直接与励磁电路接通，同时经过全部起动电阻与电枢绕组接通。

图 1-106　BQ3 直流电动机
起动变阻器的外形

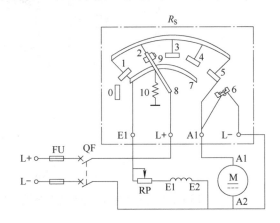

图 1-107　并励直流电动机
手动起动控制电路

0～5—静触点　6—电磁铁　7—弧形铜条　8—手轮
9—衔铁　10—恢复弹簧

在起动之前，起动变阻器手轮置于 0 位，然后合上电源开关 QF，慢慢转动手轮 8，使手轮从 0 位转到静触点 1，接通励磁绕组电路，同时将变阻器 R_S 的全部起动电阻接入电枢电路，电动机开始起动旋转。随着转速的升高，手轮依此转到静触点 2、3、4 等位置，使起动电阻逐级切除，当手轮转到最后一个静触点 5 时，电磁铁 6 吸住手轮衔铁 9，此时起动电阻器全部切除，直流电动机起动完毕，进入正常运转。

当电动机停止工作切断电源时，电磁铁6由于线圈断电吸力消失，在恢复弹簧10的作用下，手轮自动返回0位，以备下次起动。电磁铁6还具有失电压和欠电压保护的作用。

由于并励电动机的励磁绕组有个很大的电感，所以当手轮回复0位时，励磁绕组会因突然断电而产生很大的自感电动势，可能会击穿绕组的绝缘材料，在手轮和铜条间还会产生火花，将动触点烧坏。因此，为了防止发生这些现象，应将弧形铜条7与静触点1相连，在手轮回到0位时，使励磁绕组、电枢绕组和起动电阻形成一闭合回路，作为励磁绕组断电时的放电回路。

起动时，为了获得较大的起动转矩，应短接励磁电路的外接电阻RP，使励磁电流最大。

二、电枢回路串接电阻二级起动控制电路

图1-108所示为并励直流电动机电枢回路串接电阻二级起动控制电路。其中KA1为欠电流继电器，作为励磁绕组的失磁保护，以免励磁绕组因断线或接触不良引起"飞车"事故；KA2为过电流继电器，对电动机进行过载和短路保护；电阻R为电动机停转时励磁绕组的放电电阻；VD为续流二极管，使励磁绕组正常工作时电阻R上没有电流流入。

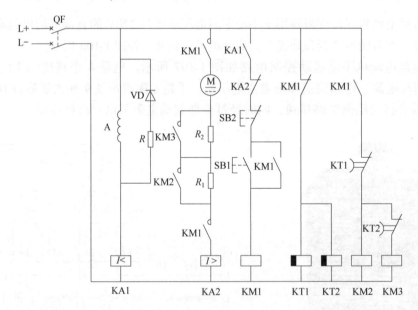

图1-108　并励直流电动机电枢回路串接电阻二级起动控制电路

三、直流接触器

直流接触器主要供远距离接通和分断额定电压440V、额定电流1600A以下的直流电力线路之用，并适用于直流电动机的频繁起动、停止、换向及反接制动。目前常用的直流接触器有CZ0、CZ17、CZ18、CZ21等系列。图1-109所示为CZ0系列直流接触器。

1. 直流接触器的型号及含义

直流接触器的型号及含义如图1-110所示。

图 1-109　CZ0 系列直流接触器

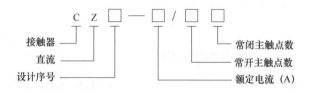

图 1-110　直流接触器的型号及含义

2. 直流接触器的结构

直流接触器主要由电磁系统、触点系统和灭弧装置三部分组成，其结构如图 1-111 所示。

(1) 电磁系统　直流接触器的电磁系统由线圈、铁心和衔铁组成。由于线圈通入的是直流电，铁心中不会因产生涡流和磁滞损耗而发热，因此铁心可用整块铸钢或铸铁制成，铁心端面也不需嵌装短路环。为保证线圈断电后衔铁能可靠释放，在磁路中常垫有非磁性垫片，以减少剩磁的影响。

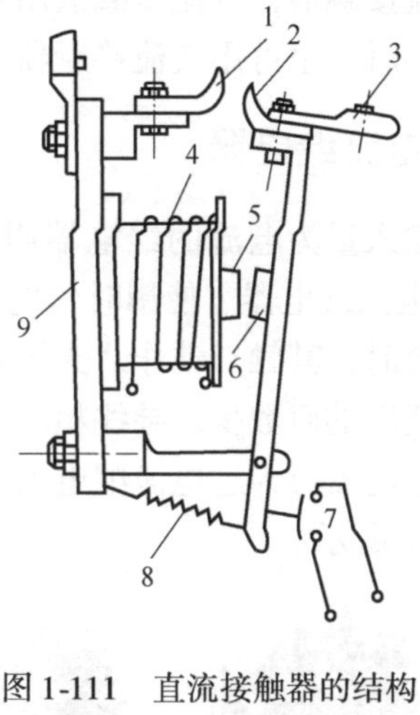

直流接触器线圈的匝数比交流接触器多，电阻值大，铜损大，是接触器发热的主要部件。为使线圈散热良好，通常把线圈做成长又薄的圆筒形。

(2) 触点系统　直流接触器触点也有主、辅之分。由于主触点接通和断开的电流较大，多采用滚动接触的指形触点，以延长触点的使用寿命，其结构如图 1-112a 所示。辅助触点

图 1-111　直流接触器的结构
1—静触点　2—动触点　3—接线柱　4—线圈　5—铁心
6—衔铁　7—辅助触点　8—反作用弹簧　9—底板

的通断电流小，多采用双断点桥式触点，可有若干对。

(3) 灭弧装置　直流接触器的主触点在分断较大直流电流时，会产生强烈的电弧。由于直流电弧不像交流电弧那样有自然过零点，因此在同样的电气参数下，熄灭直流电弧比熄灭交流电弧要困难，直流接触器一般采用磁吹式灭弧装置结合其他灭弧方法灭弧。

为了减小直流接触器运行时的线圈功耗，延长吸引线圈的使用寿命，对容量较大的直流接触器的线圈往往采用串联双绕组，其接线如图 1-113 所示。把接触器的一个常闭触点与保

持线圈并联，在电路刚接通瞬间，保持线圈被常闭触点短路，可使起动线圈获得较大的电流和吸力。当接触器动作后，起动线圈和保持线圈串联通电，由于电压不变，所以电流较小，但仍可保持衔铁被吸合，从而达到省电的目的。

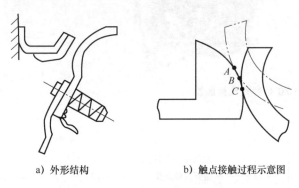

a) 外形结构　　　　b) 触点接触过程示意图

图 1-112　滚动接触的指形触点

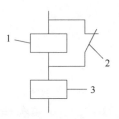

图 1-113　直流接触器双绕组线圈的接线
1—保持线圈　2—常闭辅助触点　3—起动线圈

直流接触器在电路图中的电气符号与交流接触器相同。

3. 直流接触器的选择

直流接触器的选择方法与交流接触器相同。但必须指出的是，选择接触器时，应首先选择接触器的类型，即根据所控制的电动机或负载电流类型来选择接触器的类型。通常交流负载选用交流接触器，直流负载选用直流接触器。如果控制系统中主要是交流负载，而直流负载容量较小时，也可用交流接触器控制直流负载，但交流接触器的额定电流应适当选大些。

四、电流继电器

反映输入量为电流的继电器叫作电流继电器。图 1-114a、b 所示是常见的 JT4 系列和 JL14 系列电流继电器。使用时，电流继电器的线圈串联在被测电路中，当通过线圈的电流达到预定值时，其触点动作。为了降低串入电流继电器线圈后对原电路工作状态的影响，电流继电器线圈的匝数少、导线粗、阻抗小。

电流继电器分为过电流继电器和欠电流继电器两种。电流继电器在电路图中的电气符号如图 1-114c 所示。

a) JT4系列　　b) JL14系列　　　　　　c) 电气符号

图 1-114　电流继电器

1. 过电流继电器

当通过继电器中的电流超过预定值时就动作的继电器称为过电流继电器。过电流继电器的吸合电流为 1.1~4 倍的额定电流，也就是说，在电路正常工作时，过电流继电器线圈通过额定电流时是不吸合的；当电路中发生短路或过载故障时，通过线圈的电流达到或超过预定值，铁心和衔铁才吸合，带动触点动作。过电流继电器主要用于频繁起动或重载起动的场合，作为电动机和主电路的过载和短路保护。

2. 欠电流继电器

当通过继电器的电流减小到低于其整定值时就动作的继电器称为欠电流继电器。欠电流继电器的吸引电流一般为线圈额定电流的 0.3～0.65 倍，释放电流为额定电流的 0.1～0.2 倍。因此，在电路正常工作时，欠电流继电器的衔铁与铁心是吸合的。只有当电流降至低于整定值时，欠电流继电器释放，发出信号，从而改变电路的状态。欠电流继电器常用于直流电动机励磁电路和电磁吸盘电路的弱磁保护。

3. 型号及含义

常用 JT4 系列交流通用电流继电器和 JL14 系列交直流通用电流继电器的型号及含义如图 1-115 所示。

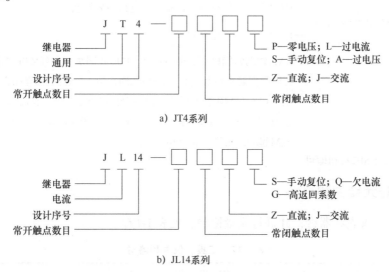

图 1-115 电流继电器的型号及含义

4. 选择

1）电流继电器的额定电流一般可按电动机长期工作的额定电流来选择。对于频繁起动的电动机，额定电流可选大一个等级。

2）电流继电器的触点种类、数量、额定电流及复位方式应满足控制线路的要求。

3）过电流继电器的整定电流一般取电动机额定电流的 1.7～2 倍，频繁起动的场合可取电动机额定电流的 2.25～2.5 倍。欠电流继电器的整定电流一般取额定电流的 0.1～0.2 倍。

5. 安装与使用

1）安装前应检查继电器的额定电流和整定电流值是否符合实际使用要求，继电器的动作部分是否灵活、可靠，外罩及壳体是否有损坏或缺件等情况。

2）安装后应在触点不通电的情况下，使吸引线圈通电操作几次，看继电器动作是否可靠。

3）定期检查继电器各零部件是否有松动及损坏现象，并保持触点的清洁。

*任务准备

一、识读电气图

如图 1-108 所示，电路的工作原理如下。

合上断路器QF →
- 励磁绕组A得电励磁
- 欠电流继电器KA1线圈得电 → KA1常开触点闭合为起动做准备
- 时间继电器KT1、KT2线圈得电 → KT1、KT2延时闭合的常闭触点瞬时断开 → 接触器KM2、KM3线圈处于断电状态，以保证电阻R_1、R_2全部串入电枢回路起动

按下SB1 → KM1线圈得电 →
- KM1辅助常开触点闭合，为KM2、KM3得电做准备
- KM1主触点闭合 → 电动机M串接R_1和R_2起动
- KM1自锁触点闭合自锁
- KM1辅助常闭触点分断 → KT1、KT2线圈失电 → 经KT1整定时间，KT1常开触点恢复闭合 → KM2线圈得电 → KM2主触点闭合，短接R_1 → 电动机M串接R_2继续起动 → 经KT2整定时间，KT2常闭触点恢复闭合 → KM3线圈得电 → KM3主触点闭合，短接电阻R_2 → 电动机M起动结束进入正常运转

停止时，按下SB2按钮即可。

二、准备元器件和材料

选配工具、仪表和器材，并进行质量检验，见表1-17。

表1-17 工具、仪表和器材

工具	验电器、螺钉旋具、尖嘴钳、斜口钳、剥线钳、电工刀等电工常用工具				
仪表	ZC25—3型绝缘电阻表（500V）、DM3218A型钳形电流表、MF47型万用表				
器材	代号	名称	型号	规格	数量
	M	直流电动机	Z4—100—1	并励式、1.5kW、160V、13.3A、955r/min	1
	QF	低压断路器	DZ5—20/230	2极、220V、20A、整定13.4A	1
	KA1	欠电流继电器	JL14—11ZQ		1
	KA2	过电流继电器	JL14—11ZS		1
	KM1~KM3	直流接触器	CZ0—20		3
	KT1、KT2	时间继电器	DS—110	直流220V、延时范围0.5~9s	2
	XT	端子板	JD0—2520	380V、25A、20节	1
	R、R_1、R_2	起动变阻器		100Ω、1.2A	3
		控制板		600mm×700mm	1
		主电路塑铜线		BVR1.5mm²	若干
		控制电路塑铜线		BVR1.0mm²	若干

(续)

	代号	名称	型号	规格	数量
器材		按钮塑铜线		BVR0.75mm²	若干
		接地塑铜线		BVR1.5mm²（黄绿双色）	若干
		螺钉		$\phi 5mm \times 20mm$	若干
		编码套管		1.5mm²	若干
		冷压接线头		1.5mm²	若干
质检要求	（1）根据电动机规格，检验选配的工具、仪表、器材等是否满足要求 （2）电器元件外观应完整无损，附件、备件齐全 （3）用万用表、绝缘电阻表检测电器元件及电动机的技术数据是否符合要求				

*任务实施

安装步骤及工艺要求如前所述，安装注意事项如下。

1）通电试运行前，要认真检查励磁回路的接线，必须保证连接可靠，以防止电动机运行时出现因励磁回路断路失磁引起"飞车"事故。

2）直流电源若采用单相桥式整流器供电时，必须外接 15mH 的电抗器。

3）通电试运行时，必须有指导教师在现场监护，同时做到安全文明生产。如遇异常情况，应立即断开电源开关 QF。

*检查评价

检查评价见表 1-2。

理论知识试题精选

一、选择题

1. 直流电动机除极小功率外，不允许（　　）起动。
   A. 降压　　　　B. 全压　　　　C. 电枢回路串电阻　　　　D. 降低电枢电压

2. 直流电动机采用电枢回路串变阻器起动时，（　　）。
   A. 将起动电阻由大到小调　　　　B. 将起动电阻由小到大调
   C. 不改变起动电阻大小　　　　　D. 可不定向调起动电阻方向

3. 并励直流电动机起动时，励磁绕组两端电压（　　）额定电压。
   A. 大于　　　　B. 小于　　　　C. 等于　　　　D. 略小于

4. 直流电动机起动时，起动电流很大，可达额定电流的（　　）倍。
   A. 4~7　　　　B. 2~25　　　　C. 10~20　　　　D. 5~6

5. 为使直流电动机反转，应采取（　　）的措施可改变主磁场的方向。
   A. 改变励磁绕组极性　　　　B. 减少电流
   C. 增大电流　　　　　　　　D. 降压

6. 他励直流电动机改变旋转方向，常采用（　　）来完成。
   A. 电枢绕组反接法　　　　　B. 励磁绕组反接法
   C. 电枢、励磁绕组同时反接　D. 断开励磁绕组，电枢绕组反接

7. 为使直流电动机的旋转方向发生变化，应将电枢电流（　　）。
   A. 增大　　　B. 减小　　　C. 不变　　　D. 反向

8. 改变直流电动机励磁绕组的极性是为了改变（　　）。
   A. 电压的大小　B. 电流的大小　C. 磁场方向　　D. 电动机转向

9. 直流电动机反接制动时，当电动机转速接近于零时，就应立即切断电源，防止（　　）。
   A. 电流增大　B. 电机过载　C. 发生短路　D. 电动机反向转动

10. 将直流电动机电枢的动能变成电能消耗在电阻上，称为（　　）。
    A. 反接制动　B. 回馈制动　C. 能耗制动　D. 机械制动

11. 直流电动机常用的电力制动方法有（　　）种。
    A. 2　　　B. 3　　　C. 4　　　D. 5

12. 能耗制动时，直流电动机处于（　　）。
    A. 发电状态　B. 电动状态　C. 空载状态　D. 短路状态

13. 并励电动机电枢回路串电阻调速，其机械特性（　　）。
    A. 变硬　　B. 不变　　C. 变软　　D. 更接近自然特性

14. 改变直流电动机励磁电流反向的实质是改变（　　）。
    A. 电压的大小　B. 磁通的方向　C. 转速的大小　D. 电枢电流的大小

15. 改变电枢电压调速，常采用（　　）作为调速电源。
    A. 并励直流发电机　　　　B. 他励直流发电机
    C. 串励直流发电机　　　　D. 交流发电机

二、判断

（　　）1. 直流电动机起动时，必须限制起动电流。

（　　）2. 并励直流电动机起动时，常用减小电枢电压和电枢回路串电阻两种方法。

（　　）3. 励磁绕组反接法控制并励直流电动机正反转的原理是：保持电枢电流方向不变，改变励磁绕组电流的方向。

（　　）4. 并励直流电动机的正反转控制可采用电枢反接法，即保持磁场方向不变，改变电枢电流方向。

（　　）5. 并励直流电动机采用反接制动时，将正在电动运行的电动机电枢绕组反接。

（　　）6. 直流电动机进行能耗制动时，必须将所有电源切断。

（　　）7. 直流电动机电枢回路串电阻调速，当电枢回路电阻增大时，其转速增大。

（　　）8. 直流电动机改变励磁磁通调速法是通过改变励磁电流的大小来实现的。

操作技能试题精选

试题：并励直流电动机电枢回路串接电阻二级起动控制电路的安装接线。

考核要求：
1. 按图 1-108 所示正确使用工具和仪表熟练地安装接线。
2. 安装接线时采用板前槽板配线方式。
3. 电源和电动机配线、按钮接线要接到端子排上，要注明引出端子的标号。
4. 安全文明操作。
5. 操作时间：180min。

并励直流电动机电枢回路串接电阻二级起动电路的安装接线评分见表 1-11。

单元 2　常用生产机械的电气控制电路

本单元的任务是熟悉常用机床电气控制电路的基本结构、工作原理，正确选择常用低压电器，并进行常用机床电气控制电路的安装、调试和检修操作。掌握电气控制电路的设计方法，正确进行电气控制电路设计、安装与调试操作。

任务 2-1　CA6140 型卧式车床电气控制电路的安装调试

知识目标
♪ 了解 CA6140 型卧式车床的结构、运动形式及电气控制。
♪ 掌握工业机械电气设备分析与维修的一般方法。
技能目标
♪ 能识读 CA6140 型卧式车床电气图并分析电气控制原理。
♪ 正确进行 CA6140 型卧式车床电气控制电路的安装与调试工作。

*任务描述

本任务主要学习 CA6140 型卧式车床的工作原理和元器件作用的分析方法，并能够正确安装和调试 CA6140 型卧式车床控制电路。了解 CA6140 型卧式车床基本操作，正确分析 CA6140 型卧式车床的电路原理及元器件的作用，具备初步判断机床故障属于电气故障还是机械故障的能力。

*任务分析

CA6140 型卧式车床是生产企业应用极为广泛的金属切削机床，能够切削外圆、内圆、端面、螺纹，进行切断及割槽等，还可以装上钻头或铰刀进行钻孔和铰孔等加工，如图 2-1 所示。

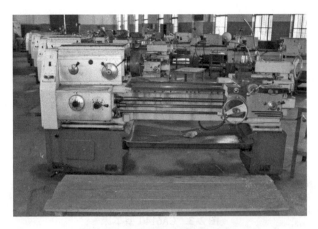

图 2-1　CA6140 型卧式车床

*相关知识

一、CA6140 型卧式车床的型号及含义

CA6140 型卧式车床的型号及含义如图 2-2 所示。

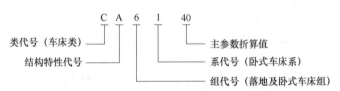

图 2-2　卧式车床的型号及含义

二、CA6140 型卧式车床的主要结构和运动形式

CA6140 型卧式车床主要由床身、主轴箱、进给箱、溜板箱、刀架、丝杠、光杠和尾座等部分组成，如图 2-3 所示。

CA6140 型卧式车床的主要运动形式包括切削运动和进给运动。切削运动包括工件旋转的主轴运动和刀具的直线进给运动。进给运动是指刀架带动刀具的直线运动。辅助运动有尾座的纵向移动、工件的夹紧与放松等。

三、电力拖动特点

1）主拖动电动机为三相笼型异步电动机，调速为机械有级调速，由齿轮箱完成。
2）主拖动电动机的起动、停止采用按钮操作。
3）电路装设过载、短路、欠电压和失电压等保护功能。
4）具备安全的局部照明装置。

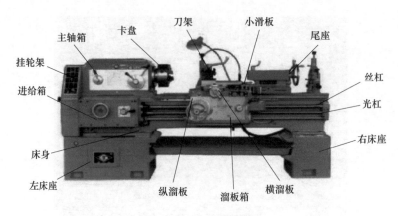

图 2-3　CA6140 型车床

四、控制电路分析

1. 识读 CA6140 型卧式车床电气原理图

CA6140 型卧式车床电气原理图如图 2-4 所示。

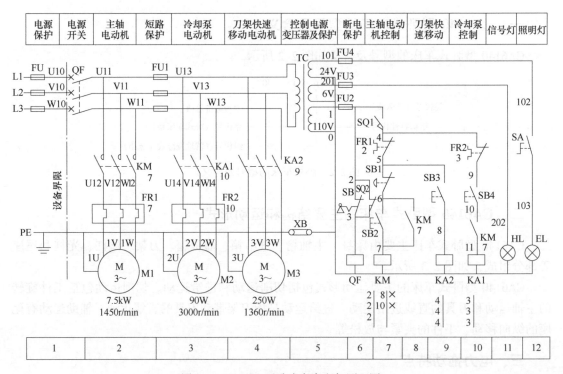

图 2-4　CA6140 型卧式车床电气原理图

一般机床电气控制电路包含的电器元件和电气设备较多，其电路图中的符号也比较多。因此，为便于识读分析机床电路图，应掌握绘制和识读机床电路图的基本知识。

1）电路图按电路功能分成若干个单元，并用文字将其功能标注在电路图上部的栏内。例如，图 2-4 所示电路图按功能分为电源保护、电源开关、主轴电动机等 13 个单元。

2）在电路图下部（或上部）划分若干图区，并从左向右依次用阿拉伯数字编号标注在图区栏内。通常是一条电路或一条支路划为一个图区，图 2-4 所示电路图共划分了 12 个图区。

3）电路图中触点的文字符号或热元件下面用数字表示该电器线圈所处的图区号，见表 2-1。

表 2-1 接触器触点、热元件在电路图中位置的标记

行序	上行	下行
触点类型	元件类型	其线圈或热元件触点所处的图区号
KM 7	接触器	接触器的线圈在图区 7 中

4）电路图中，在每个接触器线圈下方画出两条竖直线，分成左、中、右 3 栏，每个继电器线圈下方画出一条竖直线，分成左、右两栏。把由其线圈控制而动作的触点所处的图区号填入相应的栏内，对备而未用的触点，在相应的栏内用记号"×"标出或不标出任何符号。见表 2-2 和表 2-3。

表 2-2 接触器线圈在电路图中位置的标记

栏目	左栏	中栏	右栏
线圈类型	其主触点所处的图区号	其辅助常开触点所处的图区号	其辅助常闭触点所处的图区号
KM 2　8　× 2　10　× 2	表示 3 对主触点均在图区 2	表示一对辅助常开触点在图区 8，另一对常开触点在图区 10	表示两对辅助常闭触点未用

表 2-3 继电器线圈在电路图中位置的标记

栏目	左栏	右栏
线圈类型	其常开触点所处的图区号	其常闭触点所处的图区号
KA1 3 3 3	表示 3 对常开触点均在图区 3	表示常闭触点未用

2. 主电路分析

旋转开关 SB 且扳动断路器 QF，引入三相电源。主电路由 3 台电动机组成：M1 为主轴电动机，由 KM 控制，并作失电压、欠电压保护，FR1 作过载保护，FU 作短路保护；M2 为冷却泵电动机，在加工工件时输送切削液，由 KA1 控制，FR2 作过载保护；M3 为刀架快速移动电动机，由 KA2 控制，FU1 为 M2、M3 及 TC 短路保护。

3. 控制电路分析

1）控制电路的电源由 TC 二次侧输出 110V 电压提供。指示电路的电源由 TC 二次侧输

出6V电压提供。照明电路的电源由TC二次侧输出24V电压提供。

2）M1起动：按下SB2按钮，控制线圈KM得电动作完成。M1停止：按下SB1按钮，控制线圈KM失电完成。

3）M2起动：M1起动后，合上SB4按钮即可完成M2的起动。M2停止：M2在M1停止运行后自行停止。

4）M3的控制：M3由操作SB3完成点动控制。刀架前、后、左、右移动方向由进给操作手柄配合机械装置来实现。

5）车床低压照明灯EL由开关SA控制，FU4作为短路保护。HL为电源信号灯，由FU3作为短路保护。

五、CA6140型卧式车床电气控制元件实际位置图

1）CA6140型卧式车床位置代号如图2-5所示。

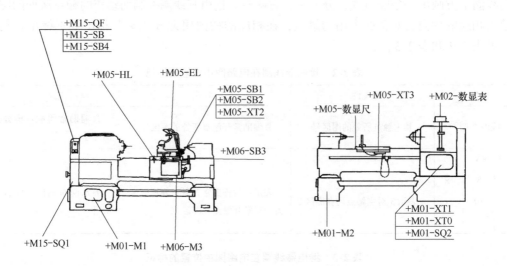

图2-5 CA6140型卧式车床位置代号

2）CA6140型卧式车床位置代号索引见表2-4。

表2-4 CA6140型卧式车床位置代号索引

序号	部件名称	代号	安装的电器元件
1	床身底座	+M01	-M1、-M2、-XT0、-XT1、-SQ2
2	床鞍	+M05	-HL、-EL、-SB1、-SB2、-XT2、-XT3、数显尺
3	溜板	+M06	-M3、-SB3
4	传动带罩	+M15	-QF、-SB、-SB4、-SQ1
5	床头	+M02	数显表

3）CA6140型卧式车床电器元件实际位置如图2-6所示。

单元2 常用生产机械的电气控制电路

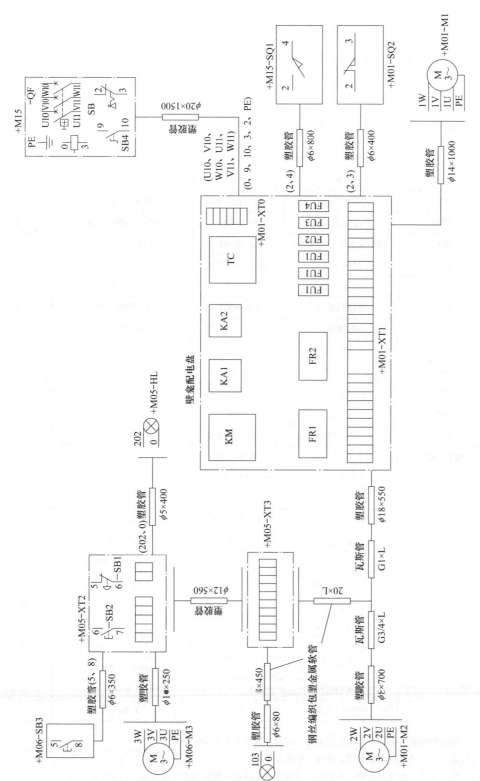

图2-6 CA6140型卧式车床电器元件实际位置

113

*任务准备

根据电动机的规格选配工具、仪表和器材,并进行质量检验,见表2-5。

表2-5 工具、仪表和器材

工具	验电器、螺钉旋具、尖嘴钳、斜口钳、剥线钳、电工刀等电工常用工具			
仪表	ZC25—3型绝缘电阻表(500V)、DM3218A型钳形电流表、MF47型万用表			

	代号	名称	型号	规格	数量
器材	M1	主轴电动机	Y132M—4—B	7.5kW、1450r/min	1
	M2	冷却泵电动机	AOB—25	90W、3000r/min	1
	M3	刀架快速移动电动机	AOS5634	250W、1360r/min	1
	FR1	热继电器	JR16—20/3D	15.4A	1
	FR2	热继电器	JR16—20/3D	0.32A	1
	KM	交流接触器	CJ1—20B	线圈电压110V	1
	KA1	中间继电器	JZ7—44	线圈电压110V	1
	KA2	中间继电器	JZ7—44	线圈电压110V	1
	SB1	按钮	LAY3—01ZS/1		1
	SB2	按钮	LAY3—10/3.11		1
	SB3	按钮	LA9		1
	SB4	旋钮开关	LAY3—10X/2		1
	SQ1、SQ2	位置开关	JWM6—11		2
	HL	信号灯	ZSD—0	6V	1
	QF	断路器	AM2—40	20A	1
	TC	控制变压器	JBK2—100	380V/110V/24V/6V	1
	XT	端子板	TD—AZ1	660V、20A	5
		控制板		600mm×700mm	1
		主电路塑铜线		BVR2.5mm^2	若干
		控制电路塑铜线		BVR1.0mm^2	若干
		按钮塑铜线		BVR0.75mm^2	若干
		接地塑铜线		BVR1.5mm^2(黄绿双色)	若干
		螺钉		ϕ5mm×20mm	若干
		编码套管		1.5mm^2	若干
		冷压接线头		1.5mm^2	若干

质检要求	(1)根据电动机规格,检验选配的工具、仪表、器材等是否满足要求 (2)电器元件外观应完整无损,附件、备件齐全 (3)用万用表、绝缘电阻表检测电器元件及电动机的技术数据是否符合要求

*任务实施

一、安装电器元件

电器元件安装应牢固、整齐、匀称，间距合理，便于更换，如图 2-7 所示。

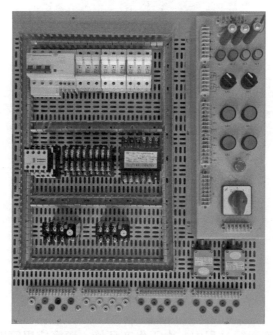

图 2-7 电器元件的安装

二、进行板前线槽配线

1）通过查阅 CA6140 型卧式车床相关资料和分析 CA6140 型卧式车床控制电路原理图、CA6140 型卧式车床电气控制元件的作用，掌握 CA6140 型卧式车床电气控制原理，以及控制开关、按钮和各电器元件的作用。

2）通过在实习车间观察 CA6140 型卧式车床的操作，了解 CA6140 型卧式车床的运动形式和操作步骤。

3）在教师的指导下对 CA6140 型卧式车床控制电路进行模拟配电盘安装，如图 2-8 所示。通过配盘安装及试运行，熟悉电路原理和电器元件间的连接关系。

三、检查安装质量

用万用表检查电路的正确性，严禁出现短路故障。用绝缘电阻表检查电路的绝缘电阻应大于或等于 1MΩ。

四、通电试运行

将三相交流电源接入低压断路器，经指导教师检查合格后进行通电试运行。

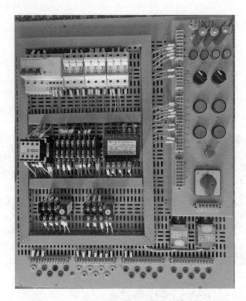

图 2-8　CA6140 型卧式车床模拟配电盘

*检查评价

检查评价见表 1-2。

*知识拓展

生产机械在实际生产运行过程中，由于生产环境、频繁使用等因素难免会产生各种故障，及时、准确、迅速、安全地排除电气方面的故障，使生产机械恢复正常运行。在排除生产机械的电气故障时，应掌握的基本知识及方法是对维修电工的基本要求。

一、生产机械进行检修的要求

1）在检修过程中，必须严格遵守电工操作安全规程，具备"安全第一"的生产意识，确保维修人员生命安全及生产机械设备安全。

2）运用正确的检修步骤及方法，不损坏好的电器元件，不伤及无故障范围的电路及电器元件。

3）不随意更换原有电路及电器元件的型号及规格。

4）不随意改动电路。

5）维修完毕后，生产机械的各种功能及保护性能维持原有标准。

二、生产机械电气设备检修的方法

电气设备的检修包括日常维护保养和故障检修两个方面。这里主要介绍故障检修方面的相关知识。

1. 电气故障检修的一般方法

（1）检修前的故障检查　当生产机械发生电气故障后，切忌盲目随便动手检修。可通

过问、闻、看、听、摸等方法来了解故障发生的情况及故障出现后的情况。

1）问：向操作者询问故障发生前后生产机械的运行状态变化或异常现象。

2）闻：靠嗅觉闻一闻是否有燃烧或熏烤后的胶皮味、塑料味，判断是否短路、虚接。

3）看：观察生产机械有无明显的外观征兆，如熔断器是否熔断、保护电器是否脱扣动作、接线是否脱落、触头是否熔焊及烧蚀、线圈是否有焦烟色等。

4）听：在电路允许运行的情况下，通过瞬间试运行，仔细听电动机及电器元件运行或动作的声音有无异常，以判断是否有断相运行或电器元件卡阻现象存在。

5）摸：断电后马上触摸电动机及电器元件中的线圈，检查是否有过热现象。

（2）通过故障现象分析确定并缩小故障范围　通过问、闻、看、听、摸等方法进行外观检查后，对于明显的简单故障，可较快修复。对于外观无变化、不易发现的故障，就要从原理图上分析故障原因，运用逻辑推理的方法，来初步确定故障范围。分析电路时，通常从主电路入手，从有故障状态的电动机来有针对性地排查相关控制电路中的电器元件，找到故障发生的确切原因。

（3）采用测量法确定故障点　对于不易找出的故障点，采用测量法是找出故障点行之有效的方法。测量法就是利用万用表、验电器、校验灯等仪表及工具，对部分可疑电路或电器元件进行测量，以检测其是否具备正常性能。在用测量法检查故障点时，除了要保证测量工具和仪表完好、测试方法正确外，还要注意电路存在的感应电流、电路电流和其他并联支路的存在，因为这些因素容易造成误判断。

2. 常用的几种测量方法

（1）验电器测量法　多用于检测主电路各点是否有电以及熔断器是否熔断。

（2）万用表测量法　万用表测量法有以下两种。

1）电压测量法：在电路通电的情况下，通过测量某两点之间有无电压来判断是否存在故障。例如，正常运行时电器元件线圈应有额定电压值，如果经测量没有电压，则可判断在线圈或线圈接线处存在故障。

2）电阻测量法：在电路不通电的情况下，通过测量某两点间有无电阻来判断是否存在故障。例如，正常情况下，熔断器两端的电阻值近似为0，但如果测量其两端电阻近似为"∞"，则说明熔断器两端处于断路状态。

从实践来看，电阻测量法可以在电路不通电的情况下进行测量，所以其安全系数比较高，应用更为广泛。

（3）校验灯法　校验灯法主要用于检测故障电路某条支路是否存在断点。具体方法是将带有电源的白炽灯电路断开某点，将断点处的两根导线引出，作为检测线接在被测量电路怀疑有断点的部位，若白炽灯发光，则说明两根检测线间的被测电路没有断点、连接良好。该方法适用于被测电路两点距离较长、用仪表测试不方便的情况。

三、检修故障时的注意事项

1）在许多电气设备中，电器元件的动作是由机械、液压配合来实现的，所以检修电气故障时，应考虑到是否与机械、液压方面有关，必要时应与机械维修工配合完成。

2）找出故障点后，应进一步分析查明产生故障的根本原因，并予以解决，防止类似故障的重复发生。

3) 检修故障后，应与操作者配合，完成通电试运行。对于检修完毕的生产机械，如果在操作运行时有新的要求，更需向操作者说明，以确保生产机械的正常运行。

4) 做好维修记录。如果生产机械的某些电路或电器元件在设计或型号、规格存在不合理的地方，需要给予改进且应详细注明，以备为后续改进工作提供参考。

四、CA6140型卧式车床常见故障及检修

CA6140型卧式车床常见故障及检修见表2-6。

表2-6 CA6140型卧式车床常见故障及检修

序号	故障现象	故障范围	主要故障点	检修排除方法
1	M1不能起动	三相电源故障	FU1熔断器熔断	电阻测量法检测，更换同型号熔体
		KM不吸合	FU2熔断器熔断	电阻测量法检测，更换同型号熔体
			SQ1接触不良或接线脱落	修理或更换SQ1，接好脱落线
			FR1接触不良或接线脱落	修理或更换FR1，接好脱落线
			SB1接触不良或接线脱落	修理或更换SB1，接好脱落线
			SB2接触不良或接线脱落	修理或更换SB2，接好脱落线
			KM线圈开路或接线脱落	修理或更换KM，接好脱落线
2	M1不能自锁运行	KM辅助触点接触不良	触点氧化	用小刀刮去氧化层
			触点磨损严重	更换触点
		KM辅助触点接线脱落	6、7号线接点	接好脱落线
3	M1不能停机	KM	主触点熔焊	更换KM
			铁心表面粘牢污垢	清除污垢
		SB1	SB1击穿	更换SB1
			5、6间短路	消除
4	M1运行中突然停机	FR1	动合触点开断	查找过载原因，使触点恢复闭合
5	M2不能起动	SB4	SB4接触不良	电阻测量法检测、修理或更换
			9、10号线接点脱落	接好脱落线
6	M2运行中突然停机	FR2	动合触点开断	查找过载原因，使触点恢复闭合
7	M3不能起动	KA2不动作	FU2熔断	电阻测量法检测，更换同型号熔体
			SQ1接触不良	电阻测量法检测、修理或更换
			2、4号线接点脱落	接好脱落线
			FR1接触不良	电阻测量法检测、修理或更换
			4、5号线接点脱落	接好脱落线
			SB3接触不良	电阻测量法检测、修理或更换
			5、8号线接点脱落	接好脱落线
			KA2线圈开路或接线脱落	修理或更换KA2，接好脱落线

理论知识试题精选

一、选择题

1. CA6140 型卧式车床主轴电动机与冷却泵电动机的电气控制顺序是（　　）。
   A. 主轴电动机起动后，冷却泵电动机才可以起动
   B. 主轴与冷却泵电动机可同时起动
   C. 冷却泵电动机起动后，主轴电动机才可以起动
   D. 冷却泵由组合开关控制，与主轴电动机无电气关系

2. 用电压测量法检查低压电气设备时，把万用表扳到交流电压（　　）挡位上。
   A. 10V　　　　B. 50V　　　　C. 100V　　　　D. 500V

3. 检修后的机床电器装置，其操纵、复位机构必须（　　）。
   A. 无卡阻现象　　B. 灵活可靠　　C. 接触良好　　D. 外观整洁

4. 在检查电气设备故障时，（　　）只适用于电压降极小的导线及触点之类的电气故障。
   A. 短接法　　B. 电阻测量法　　C. 电压测量法　　D. 外表检查法

5. 更换或修理各种继电器时，其型号、规格、容量、线圈电压及技术指标，应与原图样要求（　　）。
   A. 稍有不同　　B. 相同　　C. 可以不同　　D. 随意确定

6. 在分析主电路时，应根据各电动机和执行电器的控制要求，分析其控制内容，如电动机的起动、（　　）等基本控制环节。
   A. 工作状态显示　　B. 调速　　C. 电源显示　　D. 参数测定

二、判断题

（　　）1. CA6140 型卧式车床的主轴电动机与冷却泵电动机的控制属于顺序控制。

（　　）2. 常用电气设备电气故障产生的原因主要是自然故障。

（　　）3. 机床电器装置的所有触点均应完整、光洁、接触良好。

（　　）4. 机床的电气连接安装完毕后，对照电路原理图和接线图认真检查，有无错接、漏接现象。

操作技能试题精选

试题：检修 CA6140 型卧式车床的电气电路故障。

在 CA6140 型卧式车床的电气电路上，设隐蔽故障 3 处，其中主电路 1 处，控制电路 2 处。考生向考评员询问故障现象时，考评员可以将故障现象告诉考生，考生必须单独排除故障。

考核要求：

1. 考生根据故障现象，在电气控制电路图上分析故障可能产生的原因，确定故障发生的范围。

2. 考生排除故障过程中，考评员要进行监护，注意安全。

3. 考生在排除故障中如果扩大了故障，在规定时间内可以继续排除故障。

4. 正确使用工具和仪表。
5. 安全文明操作。
6. 考核时间：45min。

故障排除的评分标准见表2-7。

表 2-7 故障排除的评分标准

项目内容	配分	评分标准	扣分	得分
调查研究	10 分	排除故障前不进行调查研究，扣 5 分		
故障分析	20 分	1. 错标或标不出故障范围，每个故障点扣 10 分 2. 不能标出最小的故障范围，每个故障点扣 5 分		
检修方法及过程	30 分	1. 工具和仪表使用不正确，每次扣 5 分 2. 检修方法步骤不正确，每次扣 10 分		
故障排除	30 分	1. 每少查出一次故障点，扣 5 分 2. 每少排除一次故障点，扣 5 分		
安全文明操作	10 分	违反安全操作规程，每次扣 5 分		
其他		排除故障时产生新的故障后不能自行修复，每处扣 10 分；已经修复，每处扣 5 分		
操作时间		每超时 5min，扣 10 分		
合计				

任务 2-2　Z3050 型摇臂钻床电气控制电路的故障检修

知识目标

♪ 了解 Z3050 型摇臂钻床的结构、运动形式及电气控制。
♪ 掌握 Z3050 型摇臂钻床维修的要求和方法。

技能目标

♪ 识读 Z3050 型摇臂钻床电气图，分析电气控制原理。
♪ 正确进行 Z3050 型摇臂钻床电气控制电路维修操作。

*任务描述

本任务主要学习 Z3050 型摇臂钻床的工作原理和元器件作用的分析方法，并能够正确检修 Z3050 型摇臂钻床电气控制电路故障。作为机床电路维修电工，要了解 Z3050 型摇臂钻床的基本操作，正确分析 Z3050 型摇臂钻床电路的工作原理、元器件作用，并对钻床相关的液压系统、机械传动、电磁阀控制原理和动作过程有一定的了解，具备初步判断故障属于电气故障还是液压、机械故障的能力。

*任务分析

Z3050 型摇臂钻床是生产企业经常使用的一种孔加工设备，可以用来钻孔、扩孔、铰孔、攻螺纹及修刮端面等多种形式的加工。摇臂钻床操作方便、灵活，适用于单件或批量生产带有多孔大型零件的孔加工，是一种主轴箱可以在摇臂上左、右移动，并随摇臂绕立柱回转 ±180° 的钻床。图 2-9 所示为 Z3050 型摇臂钻床。

图 2-9　Z3050 型摇臂钻床

*相关知识

一、Z3050 型摇臂钻床的型号及含义

Z3050 型摇臂钻床的型号及含义如图 2-10 所示。

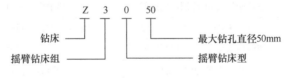

图 2-10　摇臂钻床的型号及含义

二、Z3050 型摇臂钻床的主要结构和运动形式

从图 2-11 所示的 Z3050 型摇臂钻床结构可知，它主要由底座、内外立柱、摇臂、主轴箱、工作台等部分组成。内立柱固定在底座上，它外面套着空心的外立柱，外立柱可绕着不动的内立柱回转 ±180°。摇臂一端的套筒部分与外立柱滑动配合，摇臂可沿外立柱上、下移动，但不能绕外立柱转动，只能与外立柱一起相对内立柱回转。

主轴箱安装在摇臂的水平导轨上，可由手轮操纵沿摇臂做径向移动。当需要钻削加工时，先将主轴箱固定在摇臂导轨上，摇臂固定在外立柱上，外立柱紧固在内立柱上。工件不大时可压紧在工作台上加工，较大的工件需安装在夹具上加工，通过调整摇臂高度、回转及主轴箱位置，完成钻头的调整及调准工作，转动手轮操控钻头进行钻削。

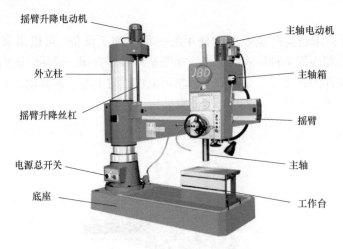

图 2-11 Z3050 型摇臂钻床的结构

摇臂钻床的主要运动形式包括：主轴带动钻头的旋转运动；进给运动时钻头的上下运动；辅助运动时主轴箱沿摇臂水平移动、摇臂沿外立柱上下移动以及摇臂连同外立柱一起相对于内立柱的回转运动。

三、Z3050 型摇臂钻床的电气控制电路分析

1. 主电路分析

Z3050 型摇臂钻床共有 4 台电动机，除冷却泵电动机采用断路器 QF2 直接起动外，其余 3 台电动机均采用接触器直接起动，其控制和保护电器见表 2-8。

表 2-8 Z3050 型摇臂钻床电动机的控制和保护电器

电动机的名称及代号	控制电器	过载保护电器	短路保护电器
主轴电动机 M1	由接触器 KM1 控制单向运转	热继电器 FR1	断路器 QF1
摇臂升降电动机 M2	由接触器 KM2、KM3 控制正反转	间歇性工作，不设过载保护	断路器 QF3
液压夹紧电动机 M3	由接触器 KM4、KM5 控制正反转	热继电器 FR2	断路器 QF3
冷却泵电动机 M4	由断路器 QF2 控制	断路器 QF2	断路器 QF2

（1）主轴电动机 M1 由接触器 KM1 控制，只要求单方向旋转，主轴的正反转由机械手柄操作。M1 装于主轴箱顶部，拖动主轴及进给传动系统运转。热继电器 FR1 作为电动机 M1 的过载及断相保护，短路保护由断路器 QF1 中的电磁脱扣器装置来完成。

（2）摇臂升降电动机 M2 用接触器 KM2 和 KM3 控制其正反转。由于电动机 M2 是间断性工作，所以不设过载保护。

（3）液压夹紧电动机 M3 用接触器 KM4 和 KM5 控制其正反转。由热继电器 FR2 作为过载及断相保护。该电动机的主要作用是拖动液压泵供给液压装置液压油，以实现摇臂、立柱以及主轴箱的松开和夹紧。

（4）冷却泵电动机 M4 由断路器 QF2 直接控制，并实现短路、过载及断相保护。

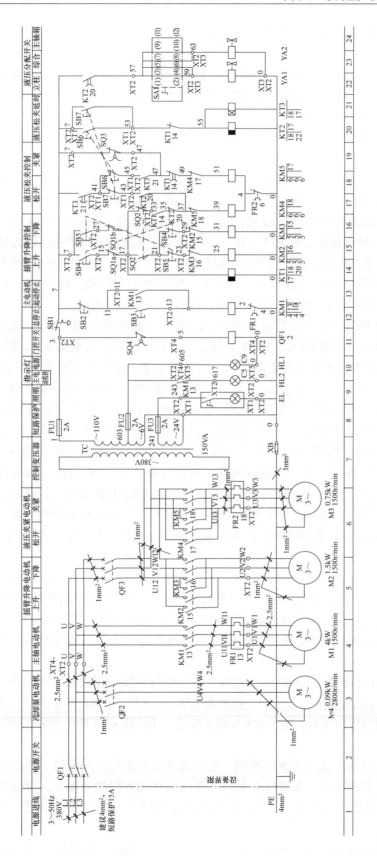

图2-12 Z3050型摇臂钻床电气控制电路

摇臂升降电动机 M2 和液压夹紧电动机 M3 共用断路器 QF3 中的电磁脱扣器作为短路保护。

电源配电盘安装在立柱前下部,断路器 QF1 作为电源引入开关。冷却泵电动机 M4 安装在靠近立柱的底座上,摇臂升降电动机 M2 安装在立柱顶部,其余电气设备置于主轴箱或摇臂上。由于 Z3050 型摇臂钻床的内、外立柱间未装汇流排,因此在使用时不允许沿一个方向连续转动摇臂,以免发生事故。

2. 控制电路分析

控制电路电源由控制变压器 TC 降压后供给 110V 电压,熔断器 FU1 作为短路保护。

(1) 开机前的准备工作　为保证操作安全,该型号钻床具有"开门断电"功能。因此,开机前应将立柱下部及摇臂后部的电门盖关好,方能接通电源。合上 QF3 (5 区) 及总电源开关 QF1 (2 区),则电源指示灯 HL1 (10 区) 亮,表示钻床的电气电路已进入带电状态。

(2) 主轴电动机 M1 的控制　按下起动按钮 SB3 (12 区),接触器 KM1 吸合并自锁,主轴电动机 M1 开始旋转,同时主轴指示灯 HL2 亮;按下停止按钮 SB2 (12 区),接触器 KM1 断开并解除自锁,使主轴电动机 M1 停止旋转,同时指示灯 HL2 熄灭。

(3) 摇臂升降控制　按下上升按钮 SB4 (15 区) (或下降按钮 SB5),则时间继电器 KT1 (14 区) 通电吸合,其瞬时闭合的常开触点 (17 区) 闭合,接触器 KM4 线圈 (17 区) 通电,液压夹紧电动机 M3 起动且正向旋转,供给液压油。液压油经分配阀体进入摇臂的"松开油腔"推动活塞移动,活塞推动菱形块,将摇臂松开。同时活塞杆通过弹簧片压下位置开关 SQ2,使其常闭触点 (17 区) 断开,常开触点 (15 区) 闭合。前者切断了接触器 KM4 的线圈电路,KM4 主触点 (6 区) 断开,液压夹紧电动机 M3 停止工作;后者使交流接触器 KM2 (或 KM3) 的线圈 (15 区或 16 区) 通电,KM2 (或 KM3) 的主触点 (5 区) 接通 M2 的电源,摇臂升降电动机 M2 起动旋转,带动摇臂上升 (或下降)。如果此时摇臂尚未松开,则位置开关 SQ2 的常开触点不能闭合,接触器 KM2 (或 KM3) 的线圈无电,摇臂就不能上升 (或下降)。当摇臂上升 (或下降) 到所需位置时,松开按钮 SB4 (或 SB5),则接触器 KM2 (或 KM3) 和时间继电器 KT1 断电释放,M2 停止工作,随之摇臂停止上升 (或下降)。

由于时间继电器 KT1 断电释放,经 1~3s 的延时后,其延时闭合的常闭触点 (18 区) 闭合,液压夹紧电动机 M3 反转,随之液压泵内液压油经分配阀进入摇臂的"夹紧油腔"使摇臂夹紧。在摇臂夹紧后,活塞杆推动弹簧片压下位置开关 SQ3,其常闭触点 (19 区) 断开,KM5 断电释放,M3 最终停止工作,完成摇臂的松开→上升 (或下降)→夹紧的整套动作。

组合开关 SQ1a (15 区) 和 SQ1b (16 区) 作为摇臂升降的超限程限位保护。当摇臂上升到限位位置时,按下 SQ1a 使其关断,接触器 KM2 断电释放,M2 停止运行,摇臂停止上升;当摇臂下降到极限位置时,按下 SQ1b 使其断开,接触器 KM3 断电释放,M2 停止运行,摇臂停止下降。

摇臂的自动夹紧由行程开关 SQ3 控制。如果液压夹紧系统出现故障,不能自动夹紧摇臂,或者由于 SQ3 调整不当,在摇臂夹紧后不能使 SQ3 的常闭触点断开,都会使液压夹紧电动机 M3 因长期过载运行而损坏。为此,电路中设有 FR2,其整定值应根据电动机 M3 的额定电流进行整定。

摇臂升降电动机 M2 的正反转接触器 KM2 和 KM3 不允许同时获电动作，以防止电源相间短路。为避免因操作失误、主触点熔焊等原因而造成短路事故，在摇臂上升和下降的控制电路中采用了接触器联锁和复合按钮联锁，以确保电路安全工作。

（4）立柱和主轴箱的夹紧（或放松）　既可以同时进行，也可以单独进行，由转换开关 SA1（22-24 区）和复合按钮 SB6（或 SB7）（20 或 21 区）进行控制。SA1 有 3 个位置：扳到中间位置时，立柱和主轴箱的夹紧（或放松）同时进行；扳到左边位置时，立柱夹紧（或放松）；扳到右边位置时，主轴箱夹紧（或放松）。复合按钮 SB6 是松开控制按钮，SB7 是夹紧控制按钮。

1）立柱和主轴箱的夹紧与放松控制。将转换开关 SA1 扳到中间位置，然后按下松开按钮 SB6，时间继电器 KT2、KT3 线圈（20、21 区）同时得电。KT2 的延时断开的常开触点（22 区）瞬时闭合，电磁铁 YA1、YA2 得电吸合。而 KT3 延时闭合的常开触点（17 区）经 1～3s 延时后闭合，使接触器 KM4 得电吸合，液压夹紧电动机 M3 正转，供出的液压油进入立柱和主轴箱的松开油腔，使立柱和主轴箱同时松开。松开 SB6，时间继电器 KT2、KT3 断电释放，KT3 延时闭合的常开触点瞬时分断，接触器 KM4 断电释放，液压夹紧电动机 M3 停转。KT2 延时分断的常开触点（22 区）经 1～3s 后分断，电磁铁 YA1、YA2 线圈断电释放，立柱和主轴箱同时松开的操作结束。立柱和主轴箱同时夹紧的工作原理与松开相似，只要操作复合按钮 SB7，使接触器 KM5 得电吸合，液压夹紧电动机 M3 反转即可。

2）立柱和主轴箱单独松开、夹紧。如果希望单独控制主轴箱，可将转换开关 SA1 扳到右侧位置。按下复合按钮 SB6（或 SB7），时间继电器 KT2、KT3 线圈同时得电，这时只有电磁铁 YA2 单独通电吸合，从而实现主轴箱的单独松开（或夹紧）。松开复合按钮 SB6（或 SB7），时间继电器 KT2、KT3 断电释放，KT3 通电延时闭合的常开触点瞬时分断，接触器 KM4 断电释放，液压夹紧电动机 M3 停转。经 1～3s 的延时后，KT2 延时分断的常开触点（22 区）分断，电磁铁 YA2 的线圈断电释放，主轴箱松开（或夹紧）的操作结束。

同理，把转换开关 SA1 扳到左侧，则使立柱单独松开或夹紧。

因为立柱和主轴箱的松开与夹紧是短时间的调整工作，所以采用点动控制。

（5）冷却泵电动机 M4 的控制　扳动断路器 QF2，就可以接通或断开电源，操纵冷却泵电动机 M4 的工作或停止。

（6）照明、指示电路分析　照明、指示电路的电源也由控制变压器 TC 降压后提供 24V、6V 的电压，由熔断器 FU3、FU2 作短路保护，EL 是照明灯，HL1 是电源指示灯，HL2 是主轴指示灯。

四、Z3050 型摇臂钻床电气控制元件实际位置图

Z3050 型摇臂钻床电气控制元件实际位置如图 2-13 所示。

五、Z3050 型摇臂钻床电气控制电路常见故障分析

Z3050 型摇臂钻床电气控制的特点是电气控制与液压、机械相互配合，共同完成摇臂升降、立柱和主轴箱的夹紧与松开等功能。在维修中不仅要注意电气部分能否正常工作，而且还要注意它与机械和液压部分之间的协调关系。另外，由于 Z3050 型摇臂钻床内、外立柱间未装设汇流环，在操作及检修过程中不能沿一个方向连续转动摇臂，以免发生事故。

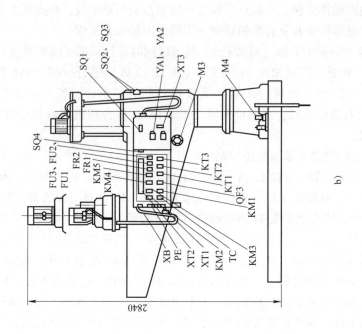

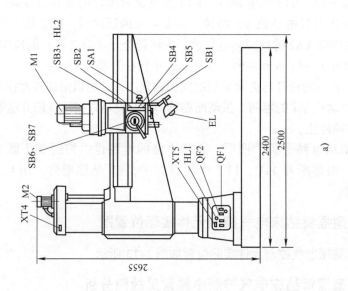

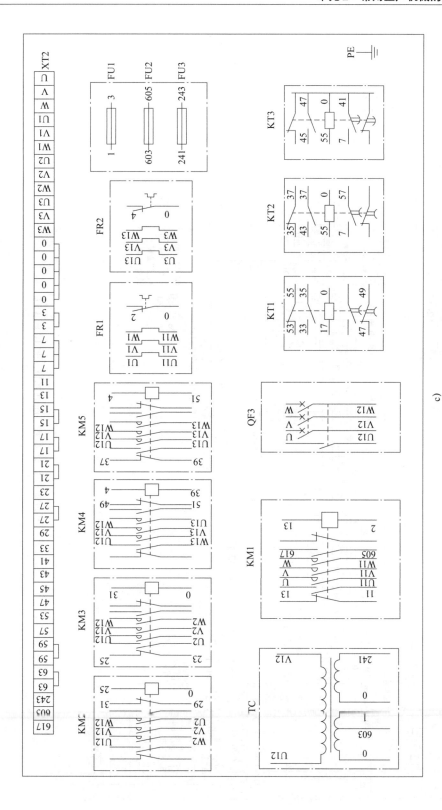

图 2-13 Z3050型摇臂钻床电气控制元件实际位置

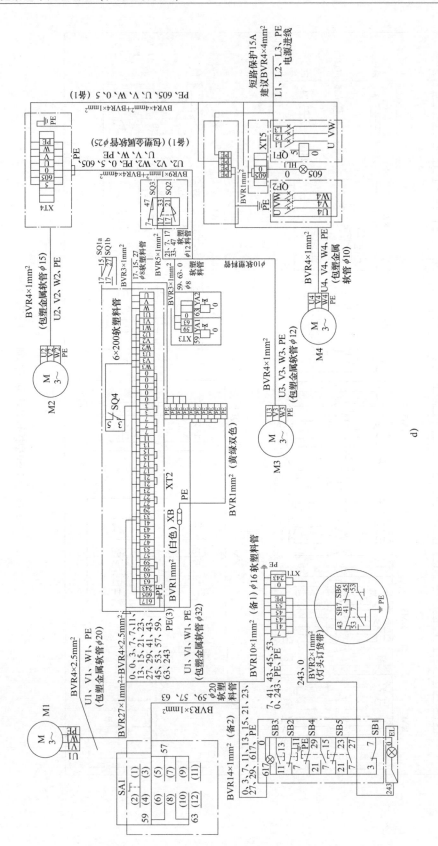

图2-13 Z3050型摇臂钻床电气控制元件实际位置（续）

d)

Z3050型摇臂钻床电气控制电路常见故障见表2-9。

表2-9 Z3050型摇臂钻床电气控制电路常见故障

故障现象	故障分析	解决措施
电动机不起动	电源开关、各电动机熔断器、热继电器动作	查找动作原因并排除
	相关控制电路接触器触点松动或存在断点	紧固松动点或连接断点
电动机不能停止	相应电动机的停止按钮失控	更换或修理相应按钮
	控制接触器触点熔焊	排除熔焊原因并更换触点
摇臂不能升降	SQ2安装位置移动，使SQ2不动作	调整SQ2安装位置
	SQ2损坏，使SQ2不动作	更换SQ2元件
	活塞杆压不上SQ2，使SQ2不动作	液压系统故障
	M3电源相序接反，使SQ2不动作	调整M3电源相序
摇臂夹不紧	SQ3安装位置不合适，使SQ3动作过早	调整SQ3安装位置
	SQ3移位，使SQ3动作过早	检查固定螺钉是否松动
	夹紧力不够	活塞杆阀芯卡死或油路堵塞
立柱、主轴箱不能夹紧或松开	接触器KM4不能吸合	检查SB6接线情况
	接触器KM5不能吸合	检查SB7接线情况
	油路故障	请液压、机械修理人员检修
摇臂升降限位保护开关失灵	组合开关SQ1损坏	更换或修理SQ1元件
	组合开关SQ1触点熔焊不动作	更换或修理SQ1元件
立柱、主轴箱能夹紧，但释放后就松开	菱形块和承压块的角度方向装错	液压、机械修理人员检修
	菱形块和承压块的距离不适当	液压、机械修理人员检修

六、摇臂钻床安全操作规程

1）工作前对所用摇臂钻床和工具、卡量进行全面检查，确认无误时才能工作。

2）严禁戴手套操作，女生发辫应挽在帽子内。

3）在起动摇臂钻床前，要对急停按钮等主要电器元件位置和性能做认真的检查，确保功能正常。

4）使用摇臂钻床时，横臂回转范围内不准有障碍物。工作前，横臂必须卡紧。

5）工作台上不准存放物件，被加工工件必须按规定卡紧，以防止工件移位造成重大人身伤害事故和设备事故。

6）工件装夹必须牢固可靠。钻小件时，应用工具夹持。

7）使用自动进给时，要选好进给速度，调整好行程限位块。手动进给时，一般按照逐渐增压和逐渐减压原则进行，以免用力过猛造成事故。

8）钻头上绕有长切屑时，要停机清除。禁止用风吹、用手拉，要用刷子或铁钩清除。

9）精铰深孔时，拔取圆器和销棒时，不可用力过猛，以免手撞在刀具上。

10）不准在旋转的刀具下，翻转、卡压或测量工件。不准触摸旋转的刀具。

11）工作结束时，将横臂降到最低位置，主轴箱靠近立柱，并且都要卡紧。

*任务准备

根据电动机的规格选配工具、仪表和器材，并进行质量检验，见表2-10。

表2-10 工具、仪表和器材

	工具	验电器、螺钉旋具、尖嘴钳、斜口钳、剥线钳、电工刀等电工常用工具			
	仪表	ZC25—3型绝缘电阻表（500V）、DM3218A型钳形电流表、MF47型万用表			
	代号	名称	型号	规格	数量
	M1	主轴电动机	Y112M—4	4kW，1500r/min	1
	M2	摇臂升降电机	Y90L—4	1.5kW，1500r/min	1
	M3	液压夹紧电动机	Y802—4	0.75kW，1500r/min	1
	M4	冷却泵电动机	AOB—25	90W，2800r/min	1
	KM1	交流接触器	CJ0—20B	线圈电压110V	1
	KM2~KM5	交流接触器	CJ0—10B	线圈电压110V	4
	FU1~FU3	熔断器	BZ—OOIA	2A	3
	KT1、KT2	时间继电器	JJSK2—4	线圈电压110V	2
	KT3	时间继电器	JJSK2—2	线圈电压110V	1
	FR1	热继电器	JR0—20/3D	6.8~11A	1
	FR2	热继电器	JR0—20/3D	1.5~2.4A	1
	QF1	低压断路器	D25—20/330FSH	10A	1
	QF2	低压断路器	D25—20/330H	0.3~0.45A	1
	QF3	低压断路器	D25—20/330H	6.5A	1
器材	YA1、YA2	交流电磁铁	MFJ1—3	线圈电压110V	2
	TC	控制变压器	BK—150	380V/110V-24V-6V	1
	SB1~SB7	按钮	LAY3—11		7
	SQ1	组合开关	H24—22		1
	SQ2~SQ3	位置开关	LX5—11		2
	SQ4	门控开关	JWM6—11		1
	SA1	万能转换开关	LW6—2/8071		1
	HL1	指示灯	XD1	6V、白色	1
	HL2	指示灯	XD1	6V	1
	EL	照明灯	JC—25	40W，24V	1
	XT	端子板	TD—AZ1	660V、20A	5
		控制板		600mm×700mm	1
		主电路塑铜线		BVR2.5mm^2	若干
		控制电路塑铜线		BVR1.0mm^2	若干
		按钮塑铜线		BVR0.75mm^2	若干
		接地塑铜线		BVR1.5mm^2（黄绿双色）	若干

(续)

	代号	名称	型号	规格	数量
器材		螺钉		$\phi 5mm \times 20mm$	若干
		编码套管		$1.5mm^2$	若干
		冷压接线头		$1.5mm^2$	若干
质检要求	(1) 根据电动机规格，检验选配的工具、仪表、器材等是否满足要求 (2) 电器元件外观应完整无损，附件、备件齐全 (3) 用万用表、绝缘电阻表检测电器元件及电动机的技术数据是否符合要求				

*任务实施

1）通过查阅 Z3050 型摇臂钻床相关资料和分析 Z3050 型摇臂钻床控制电路原理图、Z3050 型摇臂钻床电气控制元件型号作用，掌握 Z3050 型摇臂钻床电气控制原理及控制开关、按钮及各电器元件的作用。

2）通过在 Z3050 型摇臂钻床上的操作，了解钻床的运动形式和操作步骤。

3）在教师的指导下对 Z3050 型摇臂钻床控制电路进行模拟配电盘安装，可简化或省略液压传动部分。通过配电盘安装及试运行熟悉电路原理和电器元件之间的连接关系。

4）学生两人一组，在 Z3050 型摇臂钻床控制电路模拟配电盘上相互设置自然故障点，一名学生练习排除故障，另一名学生进行安全监护。进一步熟悉电路原理和初步掌握故障的排除技能。

5）在教师的指导下对实际 Z3050 型摇臂钻床进行操作。熟悉钻床的主要结构和运动形式，了解 Z3050 型摇臂钻床的各种工作状态和操作方法。

6）参照 Z3050 型摇臂钻床的电器位置和接线，熟悉钻床电器元件的实际位置和布线情况，并通过测量等方法找出实际布线路径。

7）教师示范检修。在 Z3050 型摇臂钻床上人为设置自然故障点，由教师示范检修，边分析边检查，直至故障排除。教师示范检修时，将检修步骤及要求贯穿其中，边操作边讲解。

8）教师在电路中设置两处人为的自然故障点，由学生按照检查步骤和检修方法进行检修。

9）检修注意事项。

① 检修前要认真阅读相关图样资料，熟悉各控制环节的原理及作用。检修过程中严格遵守《电工安全操作规程》，正确使用工具和仪表，做到文明生产。

② 摇臂的升降是一个由机械和电气配合实现的半自动控制过程，检修时要特别注意机械与电气的相互作用，正确判断、分析机械或电气故障。

③ 检修时，不能改变升降电动机原来的电源相序，以免使摇臂升降反向，造成事故。

④ 检修过程中原则上要在确认不带电情况下进行检修。带电检修时，必须有指导教师在现场监护。

*检查评价

检查评价表见表1-2。

理论知识试题精选

一、选择题

1. Z3050型摇臂钻床控制电路电源由控制变压器提供（　　）电压。
   A. 127V　　　　　B. 110V　　　　　C. 220V　　　　　D. 36V
2. Z3050型摇臂钻床有（　　）台电动机采用接触器直接起动。
   A. 1　　　　　　B. 2　　　　　　C. 3　　　　　　D. 4
3. Z3050型摇臂钻床的指示灯电路电压为（　　）V。
   A. 24　　　　　　B. 6　　　　　　C. 36　　　　　　D. 110
4. Z3050型摇臂钻床控制电路中液压分配开关SA1有（　　）个位置。
   A. 2　　　　　　B. 3　　　　　　C. 4　　　　　　D. 5
5. Z3050型摇臂钻床控制电路中3个时间继电器（　　）。
   A. 均为断电延时方式
   B. 均为通电延时方式
   C. KT1、KT2为断电延时方式，KT3为通电延时方式
   D. KT1、KT2为通电延时方式，KT3为断电延时方式
6. Z3050型摇臂钻床的摇臂电动机不加过载保护是因为（　　）。
   A. 要正反转　　B. 短期工作　　C. 长期工作　　D. 不需要保护
7. 在修理后，Z3050型摇臂钻床的摇臂电动机的三相电源相序反接了，则（　　）。
   A. 电动机不转　　B. 上升和下降颠倒　　C. 会发生短路　　D. 不会受到影响
8. Z3050型摇臂钻床的摇臂电动机的升、降控制，采用单台电动机的（　　）。
   A. 点动　　　　B. 点动互锁　　　C. 自锁　　　D. 点动、双重联锁
9. Z3050型摇臂钻床的摇臂升、降开始前一定是（　　）。
   A. 主轴箱动作　　B. 联锁装置动作　　C. 液压泵动作　　D. 立柱动作

二、判断题

（　　）1. Z3050型摇臂钻床不具备"开门断电"功能。

（　　）2. Z3050型摇臂钻床摇臂的升降是由电动机、夹紧机构和液压系统协调配合完成的。

（　　）3. Z3050型摇臂钻床立柱和主轴箱的夹紧（或放松）必须同时进行。

（　　）4. Z3050型摇臂钻床操纵哪一个夹紧机构夹紧或松开，只取决于电磁铁YA1、YA2是否通电。

（　　）5. Z3050型摇臂钻床控制电路中，SB6是松开控制按钮，SB7是夹紧控制按钮。

（　　）6. Z3050型摇臂钻床液压分配开关SA1扳到左边位置时，只有立柱夹紧（或放松）。

（　　）7. Z3050型摇臂钻床型号中的50表示最大钻孔直径为50cm。

(　　) 8. Z3050 型摇臂钻床摇臂的夹紧（或放松）不具备指示功能。
(　　) 9. Z3050 型摇臂钻床中组合开关 SQ1a、SQ1b 用作摇臂升降的超程限位保护。
(　　) 10. Z3050 型摇臂钻床控制电路中，指示灯 HL1 表示钻床电路已进入通电状态。
(　　) 11. Z3050 型摇臂钻床的工作由电气与机械紧密配合就可以完成，故不需要液压装置。
(　　) 12. Z3050 型摇臂钻床的摇臂升降电动机采用了按钮和接触器双重联锁正反转控制。
(　　) 13. Z3050 型摇臂钻床的摇臂夹紧后，活塞杆会推动弹簧片压下位置开关 SQ3，自动切断夹紧电路，停止夹紧工作。
(　　) 14. Z3050 型摇臂钻床的液压泵电动机起夹紧和放松摇臂的作用。

操作技能试题精选

试题：检修 Z3050 型摇臂钻床的电气电路故障。

在 Z3050 型摇臂钻床的电气电路上，设隐蔽故障 3 处，其中主电路 1 处，控制电路 2 处。考生向考评员询问故障现象时，考评员可以将故障现象告诉考生，考生必须单独排除故障。

考核要求：

1. 考生根据故障现象，在电气控制电路图上分析故障可能产生的原因，确定故障发生的范围。
2. 考生排除故障过程中，考评员要进行监护，注意安全。
3. 考生在排除故障中如果扩大了故障，在规定时间内可以继续排除故障。
4. 正确使用工具和仪表。
5. 安全文明操作。
6. 考核时间：45min。

故障排除的评分标准见表 2-8。

任务 2-3　X6132 型万能铣床电气控制电路的故障检修

知识目标
♪ 了解 X6132 型万能铣床的结构、运动形式及电气控制。
♪ 掌握 X6132 型万能铣床维修的要求和方法。
技能目标
♪ 识读 X6132 型万能铣床电气图，分析电气控制原理。
♪ 正确进行 X6132 型万能铣床电气控制电路维修操作。

*任务描述

本任务主要学习 X6132 型万能铣床的工作原理和电器元件作用的分析方法，能够正确检修 X6132 型万能铣床电气控制电路故障。作为机床电路维修电工，要了解 X6132 型万能铣床基本操作，正确分析 X6132 型万能铣床的电路原理、电器元件的作用，具备初步判断机床故障属于电气故障还是机械故障的能力。

*任务分析

X6132 型万能铣床是生产企业经常使用的一种多用途机床设备，可以用圆柱铣刀、圆片铣刀、角度铣刀、成型铣刀等刀具对各种零件进行平面、斜面、螺旋面等表面的加工。图 2-14 所示为 X6132 型万能铣床。

图 2-14　X6132 型万能铣床

*相关知识

一、X6132 型万能铣床的型号及含义

X6132 型万能铣床的型号及含义如图 2-15 所示。

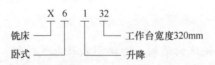

图 2-15　X6132 型万能铣床的型号和含义

二、X6132 型万能铣床的主要结构和运动形式

由图 2-16 所示的 X6132 型万能铣床的外形可知，X6132 型万能铣床主要由床身、主轴、刀杆支架、悬梁、工作台、回转盘、横溜板、升降台及底座组成。

X6132 型万能铣床的主要运动形式包括：升降台可以沿垂直导轨上下移动；在升降台的水平导轨上装有横溜板，横溜板可以沿主轴轴线平行方向移动（前、后移动）；工作台在溜板上部回转台的导轨上做垂直于主轴轴线方向的移动（左、右移动）。

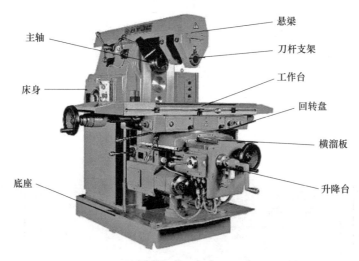

图 2-16　X6132 型万能铣床的主要结构

三、X6132 型万能铣床的电力拖动特点

1）铣床要求由 3 台电动机拖动，即主轴电动机 M1、进给电动机 M2 和冷却泵电动机 M3。

2）主轴电动机 M1 由 SA3 组合开关完成换向，实现顺铣及逆铣，并具备制动停机及两地控制功能，变速时能瞬时冲动。所谓瞬时冲动是指为了保证变速后齿轮能良好地啮合，主轴和工作台进给变速后，都要求电动机作瞬时点动。

3）工作台前、后、左、右、上、下 6 个方向的移动靠机械方法来实现，M2 要求能够实现正反转，但纵向、横向、垂直 3 种运动形式应互有联锁。工作台进给变速时，M2 能瞬时冲动及快速进给，具备两地控制功能。

4）冷却泵 M3 只要求正转。M1 与 M3 为顺序控制，M1 起动后，M3 才能起动，M3 由 QS2 控制。

5）当 M1 或 M2 过载时，进给运动停止，以免损坏刀具和铣床。

6）具备安全的局部照明及短路、过载、失电压、欠电压保护功能。

四、X6132 型万能铣床的电气控制电路分析

1. 主电路分析

M1 是主轴电动机，拖动主轴带动铣刀进行铣削加工，SA3 作为 M1 的换向开关；M2 是进给电动机，其正反转由接触器 KM3、KM4 来实现；M3 是冷却泵电动机，供应切削液，且当 M1 起动后 M3 才能起动，用手动开关 QS2 控制；3 台电动机共用熔断器 FU1 作短路保护，3 台电动机分别用热继电器 FR1、FR2 和 FR3 作过载保护，如图 2-17 所示。

2. 控制电路分析

控制电路的电源由控制变压器 TC 输出 110V 电压供电。

电力拖动基本控制线路（任务驱动模式）

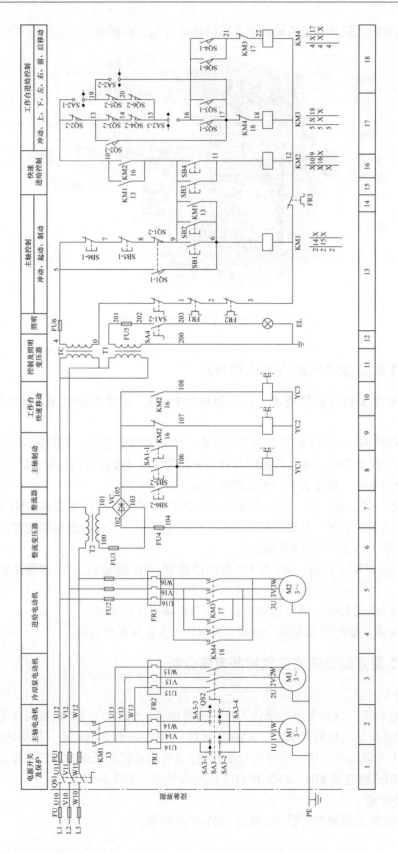

图2-17 X6132型万能铣床的电气控制电路

1)主轴电动机 M1 采用两地控制方式，SB1 和 SB2 并联为起动按钮，SB5 和 SB6 串联为停止按钮。KM1 是主轴电动机 M1 的控制接触器，YC1 是主轴制动用的电磁离合器，SQ1 是主轴变速瞬时点动的行程开关。需要主轴电动机 M1 停止时，按下停止按钮后，KM1 线圈失电，电动机 M1 断电惯性运转，SB5-2（SB6-2）动合触点闭合，接通电磁离合器 YC1，主轴电动机 M1 制动停转。需要换刀时将转换开关 SA1 扳向换刀位置，这时动合触点 SA1-1 闭合，电磁离合器 YC1 线圈得电，主轴处于制动状态以方便换刀；同时动断触点 SA1-2 断开，切断控制电路，使铣床无法运行，保证了人身安全。

2）主轴变速时的瞬时点动由机械联锁机构配合使 SQ1-2 先分断，动合触点 SQ1-1 后闭合，接触器 KM1 瞬时得电动作，电动机 M1 瞬时起动；紧接着行程开关 SQ1 触点复位，接触器 KM1 断电释放，电动机 M1 断电完成冲动。

3）进给电动机 M2 控制：M2 可实现对圆工作台旋转拖动及工作台 6 个进给方向正常和快速进给的拖动。

① 圆形工作台的控制。当需要圆工作台旋转时，将开关 SA2 扳到接通位置（SA2-1 和 SA2-3 断开，SA2-2 闭合），接触器 KM3 得电，电动机 M2 起动，通过一根专用轴带动圆形工作台旋转运动。

② 工作台的左、右进给运动。工作台的左右进给运动由左、右进给操作手柄控制。操作手柄与行程开关 SQ5 和 SQ6 联动，有左、中、右 3 个位置，其控制关系见表 2-11。

表 2-11 工作台左、右进给手柄位置及其控制关系

手柄位置	行程开关动作	接触器动作	电动机 M2 转向	传动链搭合丝杠	工作台运动方向
左	SQ5	KM3	正转	左、右进给丝杠	向左
中	—	—	停止	—	停止
右	SQ6	KM4	反转	左、右进给丝杠	向右

③ 工作台的上下和前后进给。工作台的上下和前后进给运动是由一个手柄控制的。该手柄与行程开关 SQ3 和 SQ4 联动，有上、下、中、前、后 5 个位置，其控制关系见表 2-12。

表 2-12 工作台上、下、中、前、后进给手柄位置及其控制关系

手柄位置	行程开关动作	接触器动作	电动机 M2 转向	传向链搭合丝杠	工作台运动方向
上	SQ4	KM4	反转	上、下进给丝杠	向上
下	SQ3	KM3	正转	上、下进给线杠	向下
中	—	—	停止	—	停止
前	SQ3	KM3	正转	前、后进给丝杠	向前
后	SQ4	KM4	反转	前、后进给丝杠	向后

④ 进给变速时的瞬时点动。进给变速时，必须先把进给操作手柄放在中间位置，将进给变速盘向外拉出，转动变速盘选定进给速度后，再将变速盘向里推回原位，通过机械联锁机构配合压下行程开关 SQ2，使触点 SQ2-2 断开，SQ2-1 闭合，接触器 KM3 得电动作，电动机 M2 起动；但随着变速盘复位，行程开关 SQ2 也一起复位，使 KM3 断电释放，M2 失电停转。这样使电动机 M2 瞬时点动一下，齿轮系统产生一次抖动完成运动。

⑤ 工作台的快速移动控制。安装好工件后，扳动进给操作手柄选定进给方向，按下快速移动按钮 SB3 或 SB4，接触器 KM2 得电，KM2 动断触点分断，电磁离合器 YC2 失电，将齿轮传动链与进给丝杠分离；KM2 两对动合触点闭合，一对使电磁离合器 YC3 得电，将电动机 M2 与进给丝杠直接搭合；另一对使接触器 KM3 或 KM4 得电动作，电动机 M2 得电正转或反转，带动工作台沿选定的方向快速移动。

3. 冷却泵及照明电路分析

主轴电动机 M1 和冷却泵电动机 M3 采用的是顺序控制，即只有在主轴电动机 M1 起动后冷却泵电动机 M3 才能起动。冷却泵电动机 M3 由组合开关 QS2 控制。

铣床照明由变压器 T1 供给 24V 的安全电压，由开关 SA4 控制。熔断器 FU5 作照明电路的短路保护。

五、X6132 型万能铣床电气控制元件实际位置

X6132 型万能铣床电器位置如图 2-18 所示，其在配电箱内电器布置如图 2-19 所示。

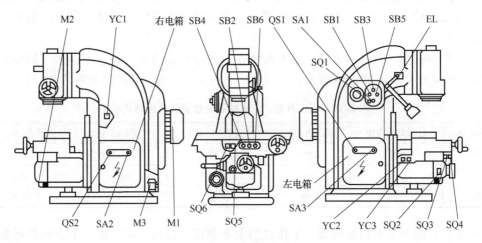

图 2-18 X6132 型万能铣床电器位置

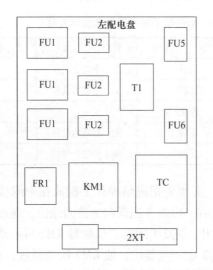 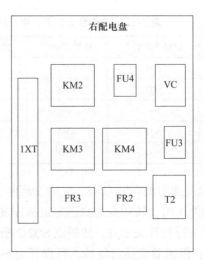

图 2-19 X6132 型万能铣床配电箱内电器布置

六、X6132 型万能铣床电气控制电路常见故障分析

X6132 型万能铣床电气控制的特点：X6132 型万能铣床的电气部分利用极少的接触器、继电器控制机床的多种运动。主轴运动带动刀具做旋转运动，工作台的进给运动可做垂直（上、下）、纵向（左、右）、横向（前、后）6 个方向的运动。6 个方向均可自动、手动，以及快速移动，机床的垂直、横向进给运动由十字复式操作手柄控制，纵向进给运动由纵向操作手柄控制。

从机床的电气控制电路中可以看出，主轴工作台和冷却泵分别用单独的三相笼型异步电动机拖动，主轴电动机由接触器控制，其正反转是采用控制开关手动控制。停机时的制动是通过制动接触器的主触点，并串入不对称电阻进行反接制动。工作台的垂直、纵向、横向进给运动由同一台电动机传动，正反转由接触器控制。工作台的快速进给由电磁铁及机械装置完成。冷却泵电动机由接触器控制。主电路中有短路、欠电压、失电压和过载等保护。

从主轴的控制电路图中可以看出，主轴电动机控制由接触器、按钮、速度继电器和行程开关等组成。为了操作方便，采用两地控制。

从工作台进给运动控制电路图中可以看出，进给电动机控制由接触器、行程开关和控制开关等组成，快速移动运动控制由按钮、接触器组成。综上所述，X6132 型万能铣床常见故障及检修排除方法见表 2-13。

表 2-13　X6132 型万能铣床常见故障及检修排除方法

序号	故障现象	故障范围	主要故障点	检修排除方法
1	主轴不起动	KM1 支路	KM1 线圈与 SB1（SB2）接触不良或接线脱落	电阻测量法检测，修理或连接脱落线
2	主轴点动	KM1 支路	KM1 动合触点（6、9）与 SB1（SB2）并联接线脱落	电阻测量法检测，修理或连接脱落线
3	主轴无制动	YC1 支路	YC1 线圈与 SB5-2（SB6-2）接触不良或接线脱落	电阻测量法检测，修理或连接脱落线
4	主轴无冲动	KM1 支路	SQ1-1 与 KM1 线圈接触不良或接线脱落	电阻测量法检测，修理或连接脱落线
5	工作台无进给	KM2 支路	KM1 动合触点（10-13）与 KM2 动合触点（10-13）接触不良或接线脱落	电阻测量法检测，修理或连接脱落线
6	M3 不运行	M3 主电路	两相电源断相	电阻测量法检测，修理或连接脱落线
7	M2 不运行	M2 主电路	两相电源断相	电阻测量法检测，修理或连接脱落线

(续)

序号	故障现象	故障范围	主要故障点	检修排除方法
8	控制电路无电	TC	TC 二次侧接线脱落	电阻测量法检测，修理或连接脱落线
		FU6	FU6 熔断	查找熔断原因，电阻测量法检测，更换相同型号熔体
9	照明灯不亮	203 支路	SA4 与 EL 接触不良或接线脱落	电阻测量法检测，修理或连接脱落线
			FU5 熔断	查找熔断原因，电阻测量法检测，更换相同型号熔体
10	工作台无快移	KM2 支路	SB3（SB4）与 KM2 线圈接触不良或接线脱落	电阻测量法检测，修理或连接脱落线
11	工作台无冲动	KM3 支路	KM3 线圈与 SQ2-1 接触不良或接线脱落	电阻测量法检测，修理或连接脱落线
12	工作台无进给	KM2 支路	SQ2-2 与 KM2 动合触点（10-13）接触不良或接线脱落	电阻测量法检测，修理或连接脱落线
13	工作台无上、右、后进给	KM4 支路	SQ6-1、SQ4-1 与 KM4 线圈接触不良或接线脱落	电阻测量法检测，修理或连接脱落线
14	工作台无下、左、前进给	KM3 支路	SQ3-1、SQ5-1 与 KM3 线圈接触不良或接线脱落	电阻测量法检测，修理或连接脱落线
15	工作台无左进给	KM3 支路	SQ5-1 与 KM4 动断触点（17-18）与 KM3 线圈接触不良或接线脱落	电阻测量法检测，修理或连接脱落线
16	工作台无右进给	KM4 支路	SQ6-1 与 KM3 动断触点（21-22）与 KM4 线圈接触不良或接线脱落	电阻测量法检测，修理或连接脱落线
17	工作台无下、前进给	KM3 支路	SQ3-1 与 KM4 动断触点（17-18）与 KM3 线圈接触不良或接线脱落	电阻测量法检测，修理或连接脱落线
18	工作台无上、后进给	KM4 支路	SQ4-1 与 KM3 的动断触点（21-22）与 KM4 线圈接触不良或接线脱落	电阻测量法检测，修理或连接脱落线
19	圆工作台不动	KM3 支路	SQ5-2 与 SA2-2 接触不良或接线脱落	电阻测量法检测，修理或连接脱落线

七、X6132 型万能铣床安全操作规程

1）操作者必须熟悉机床操作顺序和性能，严禁超性能使用设备。

2）操作者必须经过培训、考试或考核合格后，持证上岗。

3）开机前，按设备润滑图表加注润滑油，检查各手柄是否放在规定的位置上。检查油标、油位。

4）手动控制升降台，纵向、横向移动工作台，检查行程开关，调整挡块。

5）选择低速挡，选定进给量，起动主轴电动机空转 10min，检查油路是否畅通，即可进行各种自动循环。

6）停机前，先下降升降台，关闭进给电动机，关闭主电动机。

7）关闭机床电控总开关，关闭电控柜断路器。

8）清洁机床，按设备润滑图表加注润滑油。

*任务准备

根据电动机的规格选配工具、仪表和器材，并进行质量检验，见表 2-14。

表 2-14 工具、仪表和器材

工具	验电器、螺钉旋具、尖嘴钳、斜口钳、剥线钳、电工刀等电工常用工具				
仪表	ZC25—3 型绝缘电阻表（500V）、DM3218A 型钳形电流表、MF47 型万用表				
器材	代号	名称	型号	规格	数量
	M1	主轴电动机	Y132M—4—B3	7.5kW、380V、1450r/min	1
	M2	进给电动机	Y90L—4	1.5kW、380V、1400r/min	1
	M3	冷却泵电动机	JCB—22	125W、380V、2790r/min	1
	QS1	开关	HZ10—60/3J	60A、380V	1
	QS2	开关	HZ10—10/3J	10A、380V	1
	SA1	开关	LS2—3A		1
	SA2	开关	HZ10—10/3J	10A、380V	1
	SA3	开关	HZ3—133	10A、500V	1
	FU1	熔断器	RL1—60	60V、熔体 50A	3
	FU2	熔断器	RL1—15	15V、熔体 10A	3
	FU3、FU6	熔断器	RL1—15	15V、熔体 4A	2
	FU4、FU5	熔断器	RL1—15	15V、熔体 2A	2
	FR1	热继电器	JR0—40	整定电流 16A	1
	FR2	热继电器	JR10—10	整定电流 0.43A	1
	FR3	热继电器	JR10—10	整定电流 3.4A	1
	T2	变压器	BK—100	380/36V	1
	TC	变压器	BK—150	380/110V	1
	T1	照明变压器	BK—50	50VA、380/24V	1
	VC	整流器	2CZ	5A、50V	4
	KM1	接触器	CJ0—20	20A、线圈电压 110V	1
	KM2～KM4	接触器	CJ0—10	10A、线圈电压 110V	3
	SB1、SB2	按钮	LA2	绿色	2
	SB3、SB4	按钮	LA2	黑色	2
	SB5、SB6	按钮	LA2	红色	2
	YC1	电磁离合器	B1DL—Ⅲ		1

(续)

	代号	名称	型号	规格	数量
器材	YC2、YC3	电磁离合器	B1DL—Ⅱ		2
	SQ3、SQ4	位置开关	KX3—131	单轮自动复位	2
	SQ1、SQ2 SQ5、SQ6	位置开关	KX3—11K	开启式	4
	XT	端子板	TD—AZ1	660V、20A	5
		控制板		600mm×700mm	1
		主电路塑铜线		BVR1.5mm^2	若干
		控制电路塑铜线		BVR1.0mm^2	若干
		按钮塑铜线		BVR0.75mm^2	若干
		接地塑铜线		BVR1.5mm^2（黄绿双色）	若干
		螺钉		ϕ5mm×20mm	若干
		编码套管		1.5mm^2	若干
		冷压接线头		1.5mm^2	若干
质检要求	(1) 根据电动机规格，检验选配的工具、仪表、器材等是否满足要求 (2) 电器元件外观应完整无损，附件、备件齐全 (3) 用万用表、绝缘电阻表检测电器元件及电动机的技术数据是否符合要求				

*任务实施

1）通过查阅X6132型万能铣床相关资料和分析X6132型万能铣床控制电路原理图、X6132型万能铣床电气控制元件型号及作用，掌握X6132型万能铣床电气控制原理及控制开关、按钮及各电器元件的作用。

2）通过在实习车间观察X6132型万能铣床的操作，了解X6132型万能铣床的运动形式和操作步骤。

3）在教师的指导下对X6132型万能铣床控制电路进行模拟配电盘安装。通过配电盘安装及试运行来熟悉电路原理和电器元件之间的连接关系。

4）学生两人一组，在X6132型万能铣床控制电路模拟配电盘上相互设置自然故障点，一名学生练习排除故障，另一名学生进行安全监护。进一步熟悉电路原理和初步掌握故障的排除技能。

5）在教师的指导下对实际X6132型万能铣床进行操作。熟悉X6132型万能铣床的主要结构和运动形式，了解X6132型万能铣床的各种工作状态和操作方法。

6）参照X6132型万能铣床电器位置和接线，熟悉X6132型万能铣床电器元件的实际位置和布线情况，并通过测量等方法找出实际布线路径。

7）教师示范检修。在X6132型万能铣床上人为设置自然故障点，由教师示范检修，边分析边检查，直至故障排除。教师示范检修时，将检修步骤及要求贯穿其中，边操作边讲解。

8) 教师在电路中设置两处人为的自然故障点,由学生按照检查步骤和检修方法进行检修。

9) 检修注意事项:

① 检修前要认真阅读相关图样资料,熟悉各控制环节的原理及作用。检修过程中严格遵守《电工安全操作规程》,正确使用工具和仪表,做到文明生产。

② 检修时要特别注意机械与电气的相互作用,正确判断、分析机械或电气故障。

③ 检修时严禁扩大故障范围或产生新的故障,不得损坏电器元件或设备。

④ 检修过程中原则上应在不带电的情况下进行检修。带电检修时,必须有指导教师在现场监护。

*检查评价

检查评价见表1-2。

理论知识试题精选

一、选择题

1. X6132型万能铣床工作台进给运动必须在主轴起动后才允许进行,这是为了（　　）。
   A. 电路安装的需要　　B. 加工工艺的需要　　C. 安全的需要　　D. 工作方便
2. X6132型万能铣床工作台没有采取制动措施,是因为（　　）。
   A. 惯性小　　　　　　　　　　　　　　B. 转速不高而且有丝杠传动
   C. 有机械制动　　　　　　　　　　　　D. 不需要
3. X6132型万能铣床前、后进给正常,但左、右不能进给,其故障范围是（　　）。
   A. 主电路正常,控制电路故障　　　　　B. 主电路故障,控制电路正常
   C. 主电路控制电路都有故障　　　　　　D. 主电路控制电路以外的故障
4. X6132型万能铣床的进给操作手柄的功能是（　　）。
   A. 只操纵电器　　B. 只操纵机械　　C. 操纵机械和电器　　D. 操纵冲动开关
5. X6132型万能铣床工作台各个方向的限位保护是靠限位挡铁碰撞（　　）完成的。
   A. 限位开关　　　　　　　　　　　　　B. 操作手柄
   C. 限位开关或操作手柄　　　　　　　　D. 报警器,提醒操作者
6. X6132型万能铣床左右进给手柄扳向右,工作台向右进给时,上下、前后进给手柄必须处于（　　）。
   A. 上位　　　　　B. 后位　　　　　C. 零位　　　　　D. 任意位置
7. X6132型万能铣床控制电路的电源电压为（　　）V。
   A. 110　　　　　B. 220　　　　　C. 127　　　　　D. 380

二、判断题

（　　）1. 在X6132型万能铣床电气电路中采用了两地控制方式,其控制按钮是按串联规律连接的。

（　　）2. X6132型万能铣床电气电路中采用了完备的电气联锁措施,主轴起动后才允许工作台做进给运动和快速移动。

(　　) 3. X6132 型万能铣床主轴电动机的制动是能耗制动。

操作技能试题精选

试题：检修 X6132 型万能铣床的电气电路故障。

在 X6132 型万能铣床的电气控制电路上，设置隐蔽故障 3 处，其中主电路 1 处，控制电路 2 处。考生向考评员询问故障现象时，考评员可以将故障现象告诉考生，考生必须单独排除故障。

考核要求：

1. 考生根据故障现象，在电气控制电路图上分析故障可能产生的原因，确定故障发生的范围。
2. 考生排除故障过程中，考评员要进行监护，注意安全。
3. 考生在排除故障中如果扩大了故障，在规定时间内可以继续排除故障。
4. 正确使用工具和仪表。
5. 安全文明操作。
6. 考核时间为 45min。

故障排除的评分标准见表 2-8。

任务 2-4　电气控制电路设计基础

知识目标
♪ 了解电气控制电路设计的基本原则。
♪ 掌握电气控制电路的经验设计法和逻辑设计法。
技能目标
♪ 利用经验设计法和逻辑设计法正确进行电气控制电路设计。

*任务描述

在工业生产中，所用的机械设备种类繁多，对电动机提出的控制要求各不相同，从而构成的电气控制电路也不一样。电气控制电路设计是电气控制的重要环节，对电气设备的设计、生产、操作等方面都有着直接或间接的影响。因此，电气控制电路设计工作是做好电气控制的关键环节。本书将对电气控制电路设计基础进行探讨。

*任务分析

由于电气控制电路是为整个机械设备和工艺过程服务的，所以在设计前要深入现场收集有关资料，进行必要的调查研究。电气控制电路的设计方法主要有分析设计法和逻辑设计法两种，所谓分析设计法就是根据生产机械的工艺要求选择合适的基本控制电路，再把它们综合地组合在一起。分析设计法是以熟练掌握各种电气控制电路的基本环节和具备分析电气控制电路的经验为基础的，所以又称为经验设计法。

*相关知识

设计电气控制电路常采用经验设计法,此方法的特点是无固定的设计程序,设计方法简单,容易为初学者所掌握,对于具有一定工作经验的电气人员来说,也能较快地完成设计任务,因此在电气设计中被普遍采用。

一、设计电气控制电路的基本原则

电气控制电路的设计应遵循以下原则。

1) 应最大限度地满足机械设备对电气控制电路的控制要求和保护要求。
2) 在满足生产工艺要求的前提下,应力求使控制电路简单、经济、合理。
3) 保证控制的可靠性和安全性。
4) 应便于操作和维修。

二、设计电气控制电路应注意的问题

电气控制电路设计中应重视设计、使用和维护人员在长期实践中总结出来的丰富经验,使设计电路简单、正确、安全、可靠、结构合理、使用维护方便。这些经验概括起来有以下几点。

1) 尽量缩减电器的数量,采用标准件和尽可能选择相同型号的电器。设计电路时,应减少不必要的触点以简化电路,提高电路的可靠性。若把图 2-20a 所示的电路改接成图 2-20b 所示电路,就可以减少一个触点。

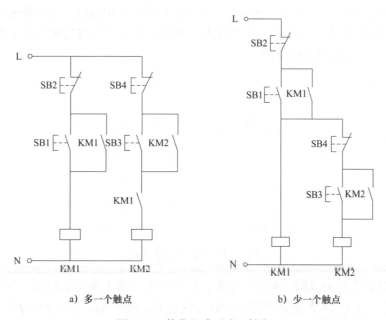

a) 多一个触点   b) 少一个触点

图 2-20 简化电路可减少触点

2) 尽量缩短连接导线的数量和长度。设计人员在设计控制电路时,必须考虑电气设备各元器件的实际位置,应该在符合设计原则的基础上,尽可能减少配线时的连接导线。

图2-21a所示电路是不合理的，因为按钮是安装在操作台上的，而接触器是安装在电气柜内的。因此，这就需要从电气柜内二次引出连接线到操作台上。也就是说，通常情况下，为了避免二次引出连接线，都会把起动按钮与停止按钮直接连接。图2-21b所示为合理的连接方式。

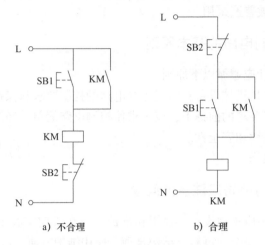

图2-21 减少各电器元件间的实际接线

3）合理安排电器元件及触点位置。对于一个串联电路，各电器元件或触点位置互换，并不影响工作原理，但从实际接线上却影响到安全、节省导线等方面的问题。图2-22所示的两种接法，其工作原理相同，但是采用图2-22a所示连接既不安全又浪费导线。因为行程开关SQ的常开、常闭触点不是等电位的，当触点断开产生电弧时，很可能在两对触点间形成飞弧而造成电源短路，而且采用这种接法，由电气控制箱到现场要引出4根线，很不合理。图2-22b所示接法就比较合理。

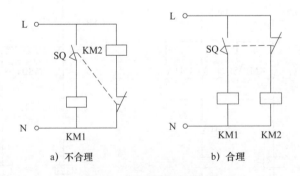

图2-22 电器触点的连接

4）正确连接电器的线圈。从理论上看，电压线圈一般不能串联使用，图2-23a所示为不正确的连接。因为它们的阻抗不同，所以可能会造成两个线圈上的电压分配不等。即使是两个同型号的线圈，在外加电压是它们的额定电压之和的理想情况下，也不能这样连接。因为电器动作是有先后的，而当一个接触器先动作时，其线圈阻抗增大，该线圈上的电压降增大，使另一个接触器不能吸合，情况严重的还可能烧毁线圈。

单元 2　常用生产机械的电气控制电路

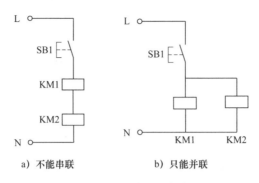

a) 不能串联　　　　　b) 只能并联

图 2-23　电器线圈不能串联

5) 应尽量避免采用多个电器依次动作才能接通另一个电器的控制电路。在图 2-24a 所示电路中,中间继电器 KA1 得电动作后,KA2 才动作,而后 KA3 才能得电动作。KA3 的得电动作要通过 KA1 和 KA2 两个电器的动作得以实现。若接成图 2-24c 所示电路,KA3 的动作只需 KA1 电器动作,而且只需经过一对触点,工作更为可靠。

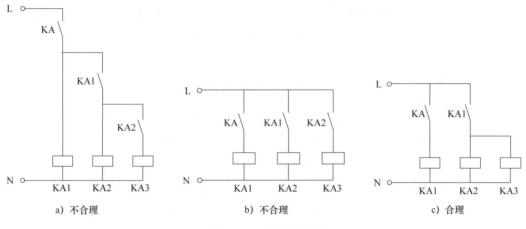

a) 不合理　　　　　　b) 不合理　　　　　　c) 合理

图 2-24　合理使用触点

6) 在满足控制要求的情况下,应尽量减少电器通电的数量。正常工作过程中,尽可能减少通电电器的数量,有利于节能、延长电器元件寿命以减少故障。现以三相异步电动机串电阻减压起动控制电路为例进行分析。在图 2-25a 所示电路中,电动机起动后,接触器 KM1 和时间继电器 KT 就失去了作用,但仍然需要长期通电,从而使能耗增加,电器使用寿命缩短。而采用图 2-25b 所示电路,就可以在电动机起动后切除 KM1 和 KT 的电源,这样既节省了电能,又延长了电器的使用寿命。

7) 在控制电路中应避免出现寄生电路。在控制电路的动作过程中,如果出现不是由于误操作而产生的意外接通的电路称为寄生电路。图 2-26a 所示为电动机可逆运行控制电路,为了节省触点,指示灯 HL1 和 HL2 采用图中所示接法,此电路在电动机正常工作情况下能完成起动、正反转及停止操作。如果电动机在正转中(KM1 吸合)发生过载,FR 触点断开时会出现图中虚线所示的寄生电路。由于 HL1 电阻较小,接触器在吸合状态下的释放电压较低,所以寄生电路的电流有可能使 KM1 无法释放,电动机在过载时得不到保护而烧毁。因此,将图 2-26a 改为图 2-26b 所示电路是比较完善的。

147

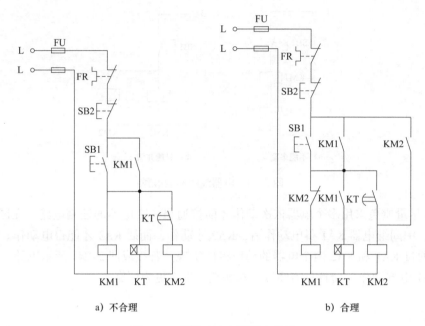

图 2-25　尽量减少电器通电数量

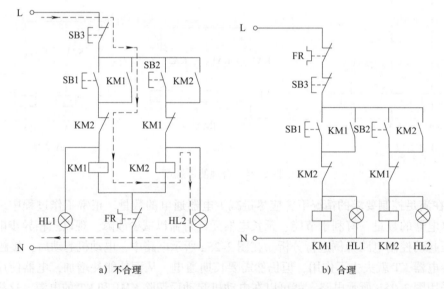

图 2-26　避免出现寄生电路

8）保证控制电路工作安全可靠。最主要的是选择可靠的电器元件,尽量选择机械和电气使用寿命长、结构合理、动作可靠、抗干扰性能好的电器元件。在电路中采用小容量继电器的触点断开和接通大容量接触器的线圈时,要计算继电器触点断开和接通容量是否足够。若不够,必须加大继电器容量或增加中间继电器;否则工作不可靠。

9）电路应具有必要的保护环节。电路的保护环节,应保证在误操作的情况下也不致造成事故。一般应根据电路的需要选择过载、短路、过电流、过电压、失电压、弱磁等保护环节,必要时还应考虑设置合闸、断开、事故、安全等指示信号。

10)要考虑应便于操作、维修与调试。

综上所述,电气电路的基础设计是电气控制系统的重要环节,对电气的操作以及设备的运行状况等有直接的影响。因此,电气的设计人员应该在电路设计方面进行广泛及深入的研究,从实际工程需要出发,结合自身的工作经验,采用合理的设计方法,保证电气电路设计的准确性和有效性。

*任务实施

某专业机床加工一箱体两侧平面,采用的加工方法是将箱体夹紧在可前后移动的滑台上,两侧平面用左、右动力头铣削加工。其控制要求如下。

1)加工前滑台应快速移动到加工位置,然后改为慢速进给。快进速度为慢进速度的10倍,滑台速度的改变是由齿轮变速机构和电磁铁来控制实现的,即电磁铁吸合时为快速,电磁铁释放时为慢速。

2)滑台从快速移动到慢速进给应自动转换,铣削完毕要自动停机,然后由工人操作滑台快速退回原位后自动停机。

3)具有短路、过载、欠电压及失电压保护。本专用机床共有3台笼型异步电动机,滑台电动机M1的功率为1.1kW,需正反转;两台动力头电动机M2和M3的功率均为4.5kW,只需要单向运转。

1. 选择基本控制电路

根据滑台电动机M1需正反转,左、右动力头电动机M2、M3只需单向运行的控制要求,选择接触器联锁正反转控制电路和接触器自锁正转控制电路,并进行有机组合,设计出控制电路草图,如图2-27所示。

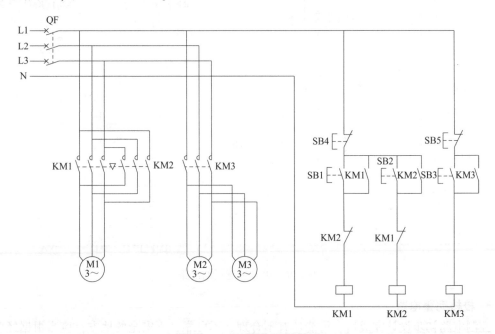

图2-27 电气控制电路草图

2. 修改完善电路

修改完善后的控制电路如图 2-28 所示，说明如下。

1) 根据加工前滑台应快速移到加工位置，且电磁铁吸合时为快进可知，KM1 得电时，电磁铁 YA 应得电吸合，故应在电磁铁 YA 线圈电路中串入 KM1 的辅助常开触点，如图 2-28 中①所示。

2) 滑台由快速移动自动转换为慢速进给，所以在 YA 线圈电路中串接行程开关 SQ3 的常闭触点，如图 2-28 中②所示。

3) 滑台慢速进给终止（切削完毕）应自动停机，所以应在接触器 KM1 控制电路中串接行程开关 SQ1 的常闭触点，如图 2-28 中③所示。

4) 人工操作滑台快速退回，故在 KM1 辅助常开触点和 SQ3 常闭触点电路的两端并联 KM2 辅助常开触点，如图 2-28 中④所示。

5) 滑台快速返回到原位后自动停机，所以应在接触器 KM2 控制电路中串联行程开关 SQ2 的常闭触点，如图 2-28 中⑤所示。

6) 由于动力头电动机 M2、M3 随滑台电动机 M1 的慢速工作而工作，所以把 KM3 的线圈串联 SQ3 常开触点后与 KM1 线圈并联，如图 2-28 中⑥所示。

7) 电路需要短路、过载、欠电压和失电压保护，所以在电路中接入熔断器 FU1、FU2、FU3 和热继电器 FR1、FR2、FR3，如图 2-28 中⑦和⑧所示。

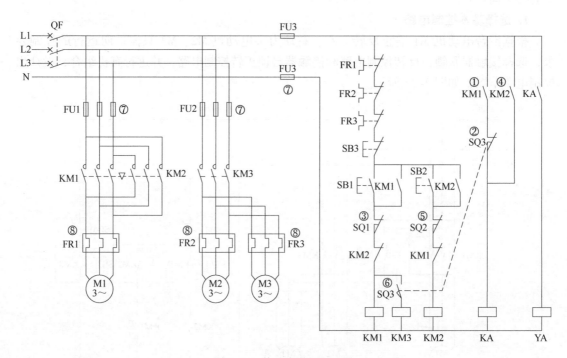

图 2-28　修改完善后的电路

3. 校核完善电路

控制电路初步设计完成后，可能还有不合理、不可靠、不安全的地方，应当根据经验和控制要求对电路进行认真、仔细校核，以保证电路的正确性和实用性。如上述电路中，由于电磁铁电感较大,会产生较大的冲击电流,有可能引起电路工作不可靠,故选择中间继电器以组成电磁铁控制电路,如图2-29所示。

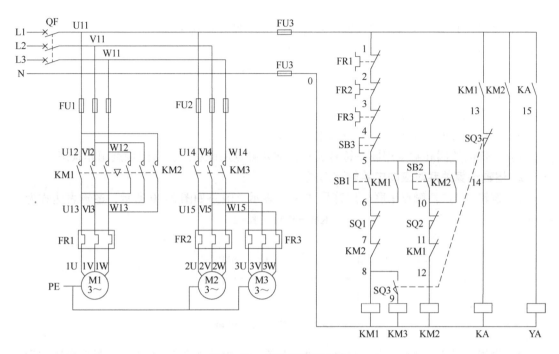

图 2-29　设计完成的电路

*检查评价

检查评价见表1-2。

*知识拓展

一、逻辑设计法

逻辑设计法是利用逻辑代数数学工具来进行电路设计,即根据生产机械的拖动要求及工艺要求,将执行元件需要的工作信号以及主令电器的接通与断开状态看成逻辑变量,并根据控制要求将它们之间的关系用逻辑函数关系式来表达,然后再运用逻辑函数基本公式和运算规律进行简化,使之成为需要的与或关系式,根据最简式画出相应的电路结构,最后再作进一步的检查和完善,即能获得需要的控制电路。采用逻辑设计法能获得理想的、经济的方案,所用元件数量少,各元件能充分发挥作用,当给定条件发生变化时,能指出电路相应变化的内在规律,在设计复杂控制电路时,更能显示出它的优点。任何控制电路,控制对象与控制条件之间都可以用逻辑函数式来表示,所以逻辑法不仅能用于电路设计,也可以用于电路简化和读图分析。逻辑设计法的优点是各控制元件的关系能一目了然,不会读错和遗漏。

1. 继电器控制电路的逻辑函数

在控制电路中，可以把线圈的通电与断电、触点的闭合与断开看成逻辑变量，规定如下。

1）逻辑"1"——接触器、继电器线圈通电（吸合）状态。
2）逻辑"0"——接触器、继电器线圈失电（释放）状态。
3）逻辑"1"——接触器、继电器、开关、按钮的触点闭合状态。
4）逻辑"0"——接触器、继电器、开关、按钮的触点断开状态。
5）触头状态的逻辑变量——逻辑输入变量。
6）受控元件的逻辑变量——逻辑输出变量。
7）元件的线圈和触点用同一符号表示，常开触点用原状态，常闭触点用非状态。

2. 逻辑运算关系对应的电路触点形式

1）逻辑"与"：触点串联，用符号"·"表示，电路如图2-30所示，逻辑表达式为

$$KM = KA1 \cdot KA2$$

图2-30 逻辑"与"电路

2）逻辑"或"：触点并联，用符号"+"表示，电路如图2-31所示，逻辑表达式为

$$KM = KA1 + KA2$$

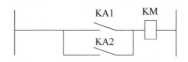

图2-31 逻辑"或"电路

3）逻辑"非"：逻辑非表示相反，在控制电路中用 KA 表示继电器的常开触点，用 $\overline{KA}$ 表示继电器的常闭触点，逻辑"非"电路如图2-32所示，逻辑表达式为

$$KM = \overline{KA}$$

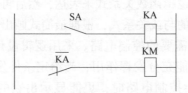

图2-32 逻辑"非"电路

逻辑设计法的优点是能获得理想、经济的方案，但这种方法设计难度较大，设计过程也较复杂，还要涉及一些新概念。因此，在一般常规设计中很少单独采用。

二、电气测绘的基本方法

1. 测绘前的准备

电气测绘是根据现有的电气电路、机械控制电路和电气装置进行现场测绘，经过整理后绘出安装接线图和电路控制原理图。

在测绘前，先要全面了解测绘对象，了解原电路的控制过程、控制顺序、控制方法、布线规律、连接形式等有关内容，根据测绘需要准备相应的测量工具和测量仪表等。

2. 电气测绘的一般要求

（1）绘制草图　为了便于绘制电路的原理图，可对被测绘对象绘制安装接线图，即用简明的符号和线条画出电气控制元件的位置关系、连接关系、电路走向等，可不考虑遮盖关系。

（2）测绘原则　测绘时一般都是先测绘主电路，后测绘控制电路；先测绘输入端，再测绘输出端；先测绘主干线，再依次按节点测绘各支路；先测绘简单电路后测绘复杂电路，最后要一个电路一个电路地进行测绘。

3. 电气测绘注意事项

1）电气测绘前要检查被测设备或装置是否带电，不能带电作业。确实需要带电测量时，必须采取必要的防范措施。

2）要避免大拆大卸，对去掉的线头要做记号或记录。

3）两人以上协同操作时，要注意协调一致，防止发生事故。

4）由于测绘判断的需要，确定要开动机床或设备时，一定要断开执行元件或请熟练的操作工操作，同时需要有监护人负责监护。对于可能发生的人身或设备事故，一定要有防范措施。

5）测绘中若发现有掉线或接线错误时，首先应做好记录，不要随意把掉线接到某个电器元件上，应照常进行测绘工作。待画出原理图后再去解决问题。

三、CA6140 型卧式车床电气安装接线图和原理图的测绘

1. 测绘电气安装接线图

CA6140 型卧式车床的主轴、冷却泵、刀架快速移动分别由 3 台电动机拖动。电气控制在主轴转动箱的后下方，主轴控制在溜板箱正前方，刀架快速移动控制在中滑板右侧操作手柄上，机床电源开关和水泵控制在机床左前方。

打开电气控制箱门，可以看到机床控制板上各电器的位置分布，由此可进行电气测绘。先按照国标电气图形符号、文字符号等画出电气安装接线图，然后将各电器上连线的线号依次标注在图中，没有线号的线用万用表测量确认连接关系后补充新线号，经整理后就绘出了图 2-33 所示的 CA6140 型卧式车床电气安装接线图。

2. 测绘电气原理图

（1）测绘主电路图　三相交流电源 L1、L2、L3 通过熔断器 FU 引入端子板 U10、V10、W10，经过断路器 QF 分别接到接触器 KM 和熔断器 FU1 上，再接到热继电器 FR1 上，然后端子板 1U、1V、1W 与主轴电动机 M1 相连接。由此得到主轴电动机 M1 的主电路。采用同样的方法顺着主电路线号可以得到冷却泵电动机 M2 和刀架快速移动电动机 M3 的主电路。

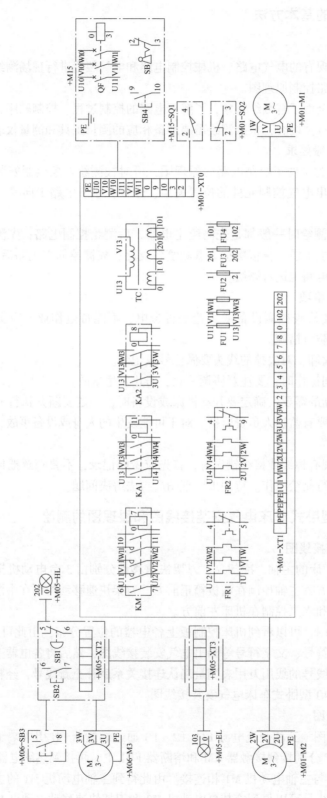

图 2-33 CA6140型卧式车床电气安装接线图

(2)测绘控制电路 控制电路的电源是通过控制变压器 TC 引入到熔断器 FU2，由端子板 2 号线分别接到行程开关 SQ1、钥匙开关 SB 和行程开关 SQ2 上。行程开关 SQ1 另一端由端子板 4 号线分别接到热继电器 FR1 和 FR2 的常闭触点上。热继电器 FR1 的常闭触点另一端由 5 号线分两路接到主轴停止按钮 SB1 和刀架快速移动按钮 SB3 上。主轴起动按钮 SB2 经端子板 6 号线与主轴停止按钮 SB1 的另一端相连，SB2 另一端经端子板 7 号线接 KM 的线圈，KM 的自锁触点与 SB2 并联。其测绘草图如图 2-34a 所示。刀架快速移动是通过按钮 SB3 另一端经端子板 8 号线与中间继电器 KA2 的线圈相连，其测绘草图如图 2-34b 所示。对冷却泵的控制是通过热继电器 FR2 的常闭触点、按钮 SB4 和接触器 KM 常开触点串联后接到中间继电器 KA1 的线圈，其测绘草图如图 2-34c 所示。钥匙开关 SB 和行程开关 SQ2 另一端接到电源开关 QF 线圈上，实现断电保护，其测绘草图如图 2-34d 所示。通电信号灯 HL 直接接至熔断器 FU3 端，照明灯 EL 通过开关 SA 接至熔断器 FU4。公共控制电路是 0 号线。

经过整理后，绘制的 CA6140 型卧式车床电气原理图如图 2-4 所示。

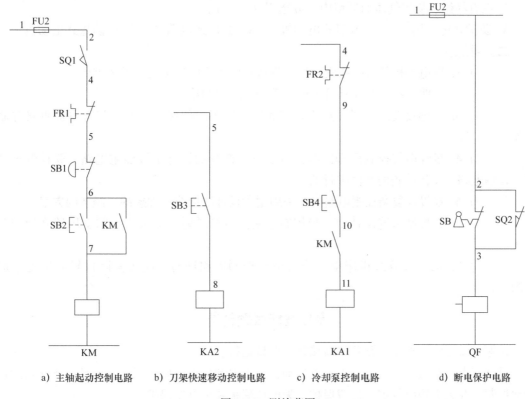

a) 主轴起动控制电路　　b) 刀架快速移动控制电路　　c) 冷却泵控制电路　　d) 断电保护电路

图 2-34　测绘草图

理论知识试题精选

一、选择题

1. 利用（　　）按一定时间间隔来控制电动机的工作状态，称为速度控制原则。
   A. 电流继电器　　B. 时间继电器　　C. 行程开关　　D. 速度继电器
2. 根据生产机械运动部件的行程或位置，利用（　　）来控制电动机的工作状态，称为行程控制原则。

A. 电流继电器　　B. 时间继电器　　C. 行程开关　　D. 速度继电器

3. 若短期工作制电动机的实际工作时间符合标准工作时间，电动机的额定功率与负载额定功率之间满足（　　）。

A. $P_N \leqslant P_L$　　B. $P_N \geqslant P_L$　　C. $P_N < P_L$　　D. $P_N > P_L$

4. 根据电动机主电路电流的大小，利用（　　）来控制电动机的工作状态，称为电流控制原则。

A. 电流继电器　　B. 时间继电器　　C. 热继电器　　D. 速度继电器

5. 在干燥、清洁的环境中，应选用（　　）。

A. 防护式电动机　　B. 开启式电动机　　C. 封闭式电动机　　D. 防爆式电动机

6. 在潮湿、尘土多、有腐蚀性气体和爆炸性气体的环境中，应选用（　　）。

A. 防护式电动机　　B. 开启式电动机　　C. 封闭式电动机　　D. 防爆式电动机

7. 在有易燃、易爆气体的环境中，应选用（　　）。

A. 防护式电动机　　B. 开启式电动机　　C. 封闭式电动机　　D. 防爆式电动机

二、判断题

（　　）1. 对电动机的选择原则，以合理选择电动机的额定功率最为重要。

（　　）2. 照明、报警及显示等电路常采用 127V 电压。

（　　）3. 电感较大的电器线圈不宜与相同电压等级的接触器或中间继电器直接并联工作。

（　　）4. 设计电气控制原理图时，对于每一部分的设计是按照主电路、联锁保护电路、控制电路、总体检查的顺序进行的。

（　　）5. 在设计复杂控制电路时，采用逻辑设计法能获得理想的、经济的方案。

（　　）6. 在控制系统设计中，当控制电路比较简单时，应采用控制变压器降低控制电压。

（　　）7. 测绘较复杂机床电气设备电气控制电路图时，应按实际位置画出电路原理图。

操作技能试题精选

试题：设计电气控制电路并安装接线、调试运行。

设计要求：某机床需要一台电动机拖动，要求电动机能正反转工作，而且还要求它能在两地控制，并具有短路保护、过载保护、失电压保护和欠电压保护。

考核要求：

1. 根据设计要求，画出电路原理图，正确使用工具和仪表熟练地安装接线。安装接线时采用槽板配线方式，并要套好编码套管。

2. 按钮盒不固定在电路板上，电源和电动机配线、按钮接线要接到端子排上。

3. 安全文明操作。

4. 考核时间：210min。

设计电气控制电路并安装接线、调试运行的评分标准见表 2-15。

表 2-15 设计电气控制电路并安装接线、调试运行的评分标准

项目内容	配分	评分标准	扣分	得分
电路设计	30 分	1. 主电路设计错误，每次扣 10 分 2. 控制电路设计错误，每次扣 10 分 3. 电路图绘制不标准，每处扣 5 分		
装前检查	5 分	1. 电动机质量漏检，扣 2 分 2. 电器元件漏检或错检，每个扣 1 分		
安装元件	10 分	1. 不按布置图安装，扣 6 分 2. 元件安装不牢固，每只扣 2 分 3. 元件安装不整齐、不匀称、不合理，每只扣 2 分 4. 损坏元件，扣 6 分		
布线	20 分	1. 不按电路图接线，扣 10 分 2. 布线不符合要求，每根扣 2 分 3. 接点松动、露铜过长、反圈等，每个扣 1 分 4. 损伤导线绝缘层或线芯，每根扣 3 分 5. 漏接地线，扣 5 分		
通电试运行	25 分	1. 熔体规格选择不当，扣 5 分 2. 第一次试运行不成功，扣 10 分 3. 第二次试运行不成功，扣 15 分 4. 第三次试运行不成功，扣 25 分		
安全文明操作	10 分	违反安全操作规程，每次扣 5 分		
其他		排除故障时产生新的故障后不能自行修复，每处扣 10 分；已经修复，每处扣 5 分		
操作时间	每超时 5min，扣 10 分			
合计				

单元 3 变频器的应用

本单元的任务是熟悉变频器的基本知识，了解 MICROMASTER 420 系列变频器的组成和特点，掌握变频器的安装与调试方法及基本操作要领，正确应用变频器进行电气控制电路的改造。

任务 3-1 正反转能耗制动控制电路的变频器改造

知识目标
- ♪ 了解 MICROMASTER 420 系列变频器的组成和特点。
- ♪ 了解 MICROMASTER 420 系列变频器的安装与调试方法。

技能目标
- ♪ 正确选择变频器，并进行安装接线。
- ♪ 正确进行变频器的基本操作。
- ♪ 正确应用变频器进行控制电路的改造。

*任务描述

本任务主要学习 MICROMASTER 420 系列变频器的基本知识、安装和调试方法，并能够利用变频器改造正反转能耗制动控制电路，如图 3-1 所示。正反转能耗制动控制电路采用单相半波整流器作为直流电源，所用附加设备少，电路简单，成本低，常用于 10kW 以下小功率电动机且制动要求不高的场合。

*任务分析

分析图 3-1 所示控制电路的原理可知，SB2、SB3 既作为正反向连续运行的起动按钮，也是电动机运行过程中正反向的切换按钮。SB1 为能耗制动停止按钮。这些控制信号应作为变频器的外控信号输入量，再根据控制电路的原理将相关变频器参数合理设置，就可以实现电动机的起动、正反向切换、直流制动（即能耗制动）等控制要求。

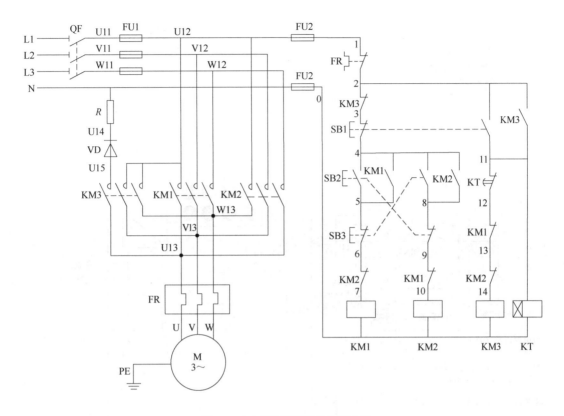

图 3-1 正反转能耗制动控制电路

> ***相关知识**

一、MICROMASTER 420 系列变频器概况

MICROMASTER 420 系列变频器用于控制三相交流电动机的转速,该系列变频器有多种型号,从单相电源电压、额定功率 120W 到三相电源电压、额定功率 11kW 可供用户选择。MICROMASTER 420 系列变频器由微处理器控制,并采用具有现代先进技术水平的绝缘栅双极型晶体管(IGBT)作为功率输出器件。因此,变频器具有较高的运行可靠性和功能多样性。其脉冲宽度调制的开关频率是可选的,因而降低了电动机运行的噪声。全面而完善的保护功能为变频器和电动机提供了良好的安全保障。

MICROMASTER 420 系列变频器具有默认的工厂设置参数,可以用于单机驱动系统,也可以集成到自动化系统中,用于更高级的电动机控制系统。

二、MICROMASTER 420 系列变频器的接线及调试方法

1. 变频器的接线

MICROMASTER 420 系列变频器的外部接线如图 3-2a 所示。模拟输入电路可以另行连接,用以提供一个附加的数字量输入(DIN4),如图 3-2b 所示。

电力拖动基本控制线路（任务驱动模式）

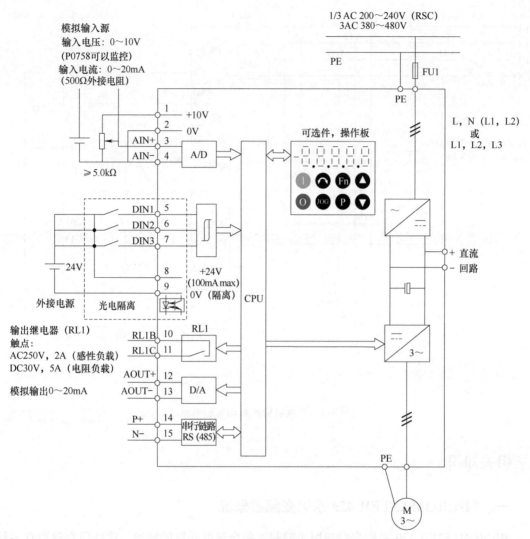

a) 变频器的外部接线

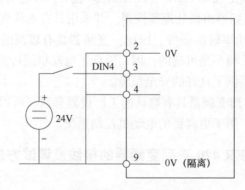

b) 增加一个数字量输入接线

图 3-2 变频器的接线

2. 变频器的调试方法

MICROMASTER 420 系列变频器在标准供货方式时装有状态显示板（SDP），利用 SDP 和制造厂商的默认设置值，就可以使变频器成功地投入运行。如果制造厂商的默认设置值不适合设备具体情况，可以利用基本操作板（BOP）或高级操作板（AOP）修改参数，使之匹配。3 种操作面板如图 3-3 所示。

　　　a）状态显示板　　　　　　b）基本操作板　　　　　　c）高级操作板

图 3-3　MICROMASTER 420 系列变频器的操作面板

（1）用 BOP 进行调试　在机械和电气装置安装已经完成的前提条件下，用 BOP 进行调试，其过程框图如图 3-4 所示。

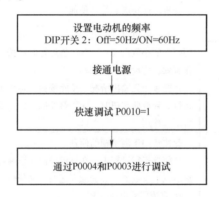

图 3-4　用 BOP 进行调试的过程框图

（2）用 BOP 进行调试　用 BOP 可以改变变频器的各个参数。BOP 具有 7 段显示的 5 位数字，可以显示参数的序号和数值，报警和故障信息，以及设定值和实际值。参数的信息不能用 BOP 存储。

在默认设置时，用 BOP 控制电动机的功能是被禁止的。如果要用 BOP 进行控制，参数 P0700 和 P1000 均应设置为 1。如果 BOP 已经设置为 I/O 控制（P0700 = 1），在拆卸 BOP 时，变频器驱动装置将自动停机。

用 BOP 操作时的默认设置值见表 3-1。

表 3-1　默认设置值

参数	说明	默认值，欧洲（或北美）地区
P0100	运行方式	50Hz，kW [60Hz, hp（1hp≈745.7W）]
P0307	功率（电动机额定值）	kW（hp）
P0310	电动机的额定频率	50Hz（60Hz）

(续)

参数	说明	默认值，欧洲（或北美）地区
P0311	电动机的额定速度	1395（1680）r/min（取决于变量）
P1082	最大电动机频率	50Hz

BOP 上的按钮功能及说明见表 3-2。

表 3-2　BOP 各按钮功能及说明

显示/按钮	功能	功能的说明
`r0000`	状态显示	LCD 显示变频器当前的设定值
I	启动变频器	按此按钮启动变频器。默认值运行时此按钮是被封锁的。为了使此按钮操作有效，应设定 P0700 = 1
O	停止变频器	OFF1：按此按钮，变频器将按选定的斜坡下降速率减速停机，默认值运行时此按钮被封锁；为了允许此按钮操作，应设定 P0700 = 1 OFF2：按此按钮两次（或一次，但时间较长），电动机将在惯性作用下自由停机。此功能总是"使能"的
⟳	改变电动机的转动方向	按此按钮可以改变电动机的转动方向。电动机的反向用负号（-）表示或用闪烁的小数点表示。默认值运行时此按钮是被封锁的，为了使此按钮的操作有效，应设定 P0700 = 1
jog	电动机点动	在变频器无输出情况下按此按钮，将使电动机启动，并按预定的点动频率运行。释放此按钮时，变频器停机。如果变频器/电动机正在运行，按此按钮将不起作用
Fn	功能	此按钮用于浏览辅助信息 变频器运行过程中，在显示任何一个参数时按下此按钮并保持不动 2s，将显示以下参数值（在变频器运行，从任何一个参数开始） 1. 直流回路电压（V） 2. 输出电流（A） 3. 输出频率（Hz） 4. 输出电压（V） 5. 由 P0005 选定的数值 [如 P0005 选择显示上述参数中的任何一个（3、4 或 5），这里将不再显示] 连续多次按下此按钮，将轮流显示以上参数 跳转功能：在显示任何一个参数（rXXX 或 PXXX）时短时间按下此按钮，将立即跳转到 r000，如果需要的话，可以接着修改其他的参数。跳转到 r000 后，按此键将返回原来的显示点
P	访问参数	按此按钮即可访问参数
▲	增加数值	按此按钮可增加面板上显示的参数值
▼	减少数值	按此按钮可减少面板上显示的参数值

了解 BOP 的各个按钮及其功能以后，下面将说明如何改变参数 P0004 的数值及修改 P0719 下标参数。按照类似方法，可以用 BOP 设定任何一个参数。

改变 P0004——参数过滤功能见表 3-3。

表 3-3　改变 P0004——参数过滤功能

序号	操作步骤	显示的结果
1	按下 P 按钮访问参数	r0000
2	按下 ▲ 按钮直到显示出 P0004	P0004
3	按下 P 按钮进入参数数值访问级	0
4	按下 ▲ 或 ▼ 按钮达到所需要的数值	3
5	按下 P 按钮确认并存储参数的数值	P0004
6	使用者只能看到的命令参数	

修改下标参数 P0719——选择命令/设定值源见表 3-4。

表 3-4　修改下标参数 P0719——选择命令/设定值源

序号	操作步骤	显示的结果
1	按下 P 按钮访问参数	r0000
2	按下 ▲ 按钮直到显示出 P0719	P0719
3	按下 P 按钮进入参数数值访问级	in000
4	按下 P 按钮显示当前的设定值	0
5	按下 ▲ 或 ▼ 按钮选择运行所需的最大频率	12
6	按下 P 按钮确认和存储 P0719 的设定值	P0719
7	按下 ▼ 按钮直到显示出 r000	r0000
8	按下 P 按钮返回标准的变频器显示（由用户定义）	

注：修改参数的数值时，BOP 有时会显示 P----，表明变频器正忙于处理优先级更高的任务。

为了快速修改参数值，可以逐个地单独修改显示出的每个数字。具体操作步骤如下。首先确认已处于某一参数数值的访问级，然后进行以下操作。

1) 按下 (Fn) 按钮，使最右边的一个数字不断闪烁。

2) 按下 (▲) 或 (▼) 按钮修改这位数字的数值。

3) 再次按下 (Fn) 按钮，使相邻的下一位数字不断闪烁。

4) 执行1)~3)步，直到显示出所要求的数值。

5) 按下 (P) 按钮，退出参数数值的访问级。

（3）BOP 的快速调试功能　P0010 的参数过滤功能和 P0003 选择用户访问级别的功能在调试时是十分重要的。由此可以选定一组允许进行快速调试的参数。电动机的设定参数和斜坡函数的设定参数都包括在内。在快速调试的各个步骤都完成以后，应选定 P3900，如果它置 1，将执行必要的电动机计算，并使其他所有的参数（P0010 = 1 不包括在内）恢复为默认设置值。只有在快速调试方式下才进行这一操作。

快速调试的流程框图（仅适用于第 1 访问级）如图 3-5 所示。

3. 变频器的常规操作

了解变频器的调试方法后，在进行变频器的常规操作前，需要注意以下几点。

1) 由于变频器没有主电源开关，当电源电压接通时，变频器就已带电。在按下运行（RUN）按钮，或者在数字输入端 5 出现"ON"信号（正向旋转）之前，变频器的输出一直被封锁，处于等待状态。

2) 如果装有 BOP（或 AOP）并且已选定要显示的输出频率（P0005 = 21），则在变频器减速停机时，相应的设定值大约每秒显示一次。

3) 变频器出厂时已按相同额定功率的西门子四极标准电动机的常规应用对象进行编程。如果用户采用的是其他型号的电动机，就必须进行快速调试。

4) 除非 P0010 = 1；否则不能修改电动机的参数。

5) 为了使电动机开始运行，必须将 P0010 返回 "0" 值。

在使用 BOP 进行基本操作时，有 3 个先决条件，分别如下。

1) P0010 = 0（为了正确地进行运行命令的初始化）。

2) P0700 = 1（使能 BOP 操作板上的起动/停止按钮）。

3) P1000 = 1（使能电位器 MOP 的设定值）。

满足以上 3 个条件后，可使用 BOP 进行电动机的起动、停止、变频器输出频率的增加或减小、电动机转向改变等基本操作。具体操作方法如下。

1) 按下绿色按钮 (I)，起动电动机。

2) 按下"数值增加"按钮 (▲)，电动机转动，其速度逐渐增加到 50Hz。

3) 当变频器的输出频率达到 50Hz 时，按下"数值降低"按钮 (▼)，电动机的速度及其显示值逐渐下降。

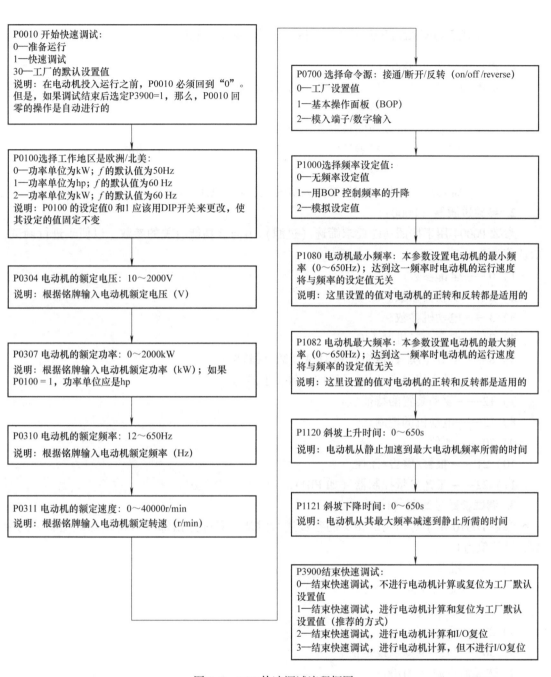

图 3-5 BOP 快速调试流程框图

注：与电动机有关的参数设置参考电动机铭牌。

4) 用 ⬆ 按钮可以改变电动机的转动方向。

5) 按下红色按钮 ⓿，电动机停机。

三、MICROMASTER 420 系列变频器的参数设置

1. 用户访问级（P0003）

参数 P0003 用于定义用户访问参数组的等级，默认值为 1。

1) 0——用户定义的参数表。
2) 1——标准级，可以访问最经常使用的一些参数。
3) 2——扩展级，允许扩展访问参数的范围，如变频器的 I/O 功能。
4) 3——专家级，只供专家使用。
5) 4——维修级，只供授权的维修人员使用，具有密码保护。

2. 参数过滤器（P0004）

参数 P0004 用于按照功能要求筛选（过滤）出与该功能有关的参数，以便于进行调试，默认值为 0。

1) 0——全部参数。
2) 2——变频器参数。
3) 3——电动机参数。
4) 7——命令，二进制 I/O。
5) 8——A/D（模/数转换）和 D/A（数/模转换）。
6) 10——设定值通道/RFG（斜坡函数发生器）。
7) 12——驱动装置的特征。
8) 13——电动机的控制。
9) 20——通信。
10) 21——报警/警告/监控。
11) 22——工艺参量控制器（如 PID）。

3. 调试参数过滤器（P0010）

参数 P0010 用于对与调试相关的参数进行过滤，只筛选出那些与特定功能组有关的参数，默认值为 0。

1) 0——准备。
2) 1——快速调试。
3) 2——变频器。
4) 29——下载。
5) 30——工厂的默认设定值。

4. 选择命令源（P0700）

参数 P0700 用于选择命令源，默认值为 2。

1) 0——工厂的默认设置。
2) 1——BOP（键盘）设置。
3) 2——由端子排输入。
4) 4——通过 BOP 链路的 USS 设置。
5) 5——通过 COM 链路的 USS 设置。
6) 6——通过 COM 链路的通信板（CB）设置。

改变参数 P0700 时，可使所选项目的全部设置复位为默认值。例如，把它的设定值由 1 改为 2 时，所有的数字输入都将复位为默认值。

5. 工厂复位（P0970）

参数 P0970 用于将变频器所有的参数都复位到默认值，默认值为 0。

1) 0——禁止复位。

2) 1——参数复位。

6. 频率设定值的选择（P1000）

参数 P1000 用于选择频率设定值的信号源，默认值为 2。

1) 0——无主设定值。

2) 1——BOP 设定值。

3) 2——模拟设定值。

4) 3——固定频率。

7. MOP 的设定值（P1040）

参数 P1040 用于确定电位器控制（P1000 = 1）时的设定值，默认值为 5.00，参数范围为 -650.00 ~ 650.00Hz。

8. 最低频率（P1080）

参数 P1080 用于设定最低的电动机频率，默认值为 0.00，参数范围为 0.00 ~ 650.00Hz。

9. 最高频率（P1082）

参数 P1082 用于设定最高的电动机频率，默认值为 50.00，参数范围为 0.00 ~ 650.00Hz。

10. 斜坡上升/下降时间（P1120、P1121）

参数 P1120 用于选择斜坡上升时间，默认值为 10.00；参数 P1121 用于选择斜坡下降时间，默认值为 10.00。

斜坡上升时间是指斜坡函数曲线不带平滑圆弧时，电动机从静止状态加速到最高频率所用的时间；斜坡下降时间是指斜坡函数曲线不带平滑圆弧时，电动机从最高频率减速到静止状态所用的时间。

11. 直流制动电流（P1232）

参数 P1232 用于选择直流制动电流的大小，默认值为 100。直流制动电流以电动机额定电流（P0305）的百分值表示。

12. 直流制动持续时间（P1233）

参数 P1233 用于选择直流制动持续时间，默认值为 0。

直流制动持续时间是指在发出 OFF1 或 OFF3 命令后，电动机进行直流制动运行的持续时间（参数设置值为 1 ~ 250s）。

如果没有数字输入端设定为直流制动，并且 P1233≠0，则直流制动将在每个 OFF1 命令之后起作用。

13. 变频器的控制方式（P1300）

参数 P1300 用于选择变频器的控制方式，默认值为 0。变频器的控制方式是指电动机的速度和变频器的输出电压之间的相对关系。

1) 0——线性特性的 U/f 控制（用于可变转矩和恒定转矩的负载，如带式运输机和正排量泵类)。

2) 1——带磁通电流控制（FCC）的 U/f 控制（用于提高电动机的效率和改善其动态响应特性）。

3) 2——带抛物线特性（平方特性）的 U/f 控制（用于可变转矩负载，如风机和水泵）。

4) 3——特性曲线可编程的 U/f 控制。

*任务准备

一、识读电气图

根据图 3-1 所示双重联锁正反转能耗制动控制电路，请读者自行分析其工作原理和电路保护措施。

二、准备元器件和材料

根据电动机的规格选配工具、仪表和器材，并进行质量检验，见表 3-5。

表 3-5　工具、仪表和器材

工具	验电器、螺钉旋具、尖嘴钳、斜口钳、剥线钳、电工刀等电工常用工具				
仪表	ZC25—3 型绝缘电阻表（500V）、DM3218A 型钳形电流表、MF47 型万用表				
器材	代号	名称	型号	规格	数量
	M	三相笼型异步电动机	Y90S—4	1.1kW、380V、2.7A、△联结、1400r/min	1
	QF	断路器	DZ47—32	380V、32A	1
	FU1	有填料式熔断器	RT18—32/20	380V、15A、配熔体 5A	3
	SB_1、SB_2	按钮	LA4—2H	保护式	2
	XT	端子板	TD—AZ1	660V、20A	1
		变频器	MM420	380V/380V	1
		直流电源		AC 220V/DC 24V	1
		控制板		600mm×700mm	1
		主电路塑铜线		BV1.5mm² 和 BVR1.5mm²	若干
		控制电路塑铜线		BV1.0mm²	若干
		按钮塑铜线		BVR0.75mm²	若干
		接地塑铜线		BVR1.5mm²（黄绿双色）	若干
		螺钉		ϕ5mm×20mm	若干
质检要求	(1) 根据电动机规格，检验选配的工具、仪表、器材等是否满足要求 (2) 电器元件外观应完整无损，附件、备件齐全 (3) 用万用表、绝缘电阻表检测电器元件及电动机的技术数据是否符合要求				

单元3 变频器的应用

*任务实施

一、绘制变频器硬件接线图

绘制变频器硬件接线图（见图 3-6），以保证硬件接线操作正确。

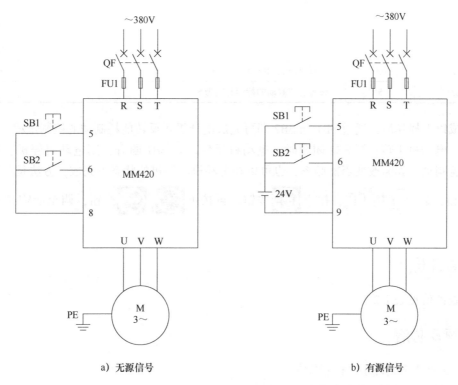

a) 无源信号　　　　　　　　　　b) 有源信号

图 3-6　变频器硬件接线图

二、设置变频器参数

由于变频器参数具有记忆功能，当控制要求发生改变时，通常在设置参数前都应对变频器进行恢复出厂设置的操作，使所有参数都复位为出厂默认值。恢复出厂设置的操作方法是将 P0010 设置为 30、P0970 设置为 1。需要注意的是，完成复位过程大约需要 10s。

若需要改变电动机的相关参数，可按照图 3-5 进行快速调试；相反，电动机为普通异步电动机，快速调试所涉及的各参数的默认值就可以满足要求，则可以省略快速调试步骤。

根据任务分析，变频器各参数的设置值及步骤见表 3-6。

表 3-6　变频器各参数的设置值及步骤

参数代码	设置值	功能	备注
P0003	3	将用户访问级提高到扩展级，以便访问到相关参数	
P0010	0	变频器运行前此参数必须为 0	默认值
P1000	1	将频率设定值的选择设为 BOP 设置	

（续）

参数代码	设置值	功能	备注
P0700	2	选择命令信号源由端子排输入	默认值
P0701	1	设置数字输入1端的功能为接通正转/停机命令1	默认值
P0702	12	设置数字输入2端的功能为反转	默认值
P1040	50	设置输出频率为50Hz	
P1120	10	设置斜坡上升时间为10s	默认值
P1300	0	设置变频器的控制方式	默认值
P1232	100	设置直流制动电流为电动机的额定电流	默认值
P1233	5	设置直流制动的持续时间为5s	

完成以上操作后，通过SB1与SB2即可完成电动机正反转能耗制动的控制过程。当SB1闭合时，电动机正转；当SB2闭合时，电动机反转。若SB1断开，则电动机停机，制动方式为直流制动。如需改变当前频率，也可以在电动机不停机的状态下完成，方法是首先按下  Fn 按钮，显示  r0000 ，按下  P 按钮，再按下   ▲/▼ 按钮，调至所需频率大小即可。

*检查评价

检查评价见表1-2。

*问题及防治

1）变频器不允许水平位置安装。
2）变频器可以相邻地并排安装。
3）变频器的顶部和底部都至少要留有100mm的间隙，保障变频器的冷却空气通道不被堵塞。

*知识拓展

一、MICROMASTER 420系列变频器的特性

1. 主要特点

1）易于安装和调试。
2）牢固的EMC设计。
3）可由IT（中性点不接地）电源供电。
4）对控制信号的响应是快速和可重复的。
5）参数设置的范围很广，确保它可对广泛的应用对象进行配置。
6）电缆连接简便。
7）采用模块化设计，配置非常灵活。

8)脉宽调制的频率高,因而电动机运行的噪声低。

9)具有详细的变频器状态信息和信息集成功能。

10)有多种可选件供用户选用,包括用于与计算机通信的通信模块、BOP、高级操作面板(AOP)、用于进行现场总线通信的PROFIBUS通信模块。

2. 性能特征

1)磁通电流控制功能,改善动态响应和电动机的控制特性。

2)快速电流限制功能,实现正常状态下的无跳闸运行。

3)内置的直流制动功能。

4)复合制动功能,用于改善制动特性。

5)加速/减速斜坡特性,具有可编程的平滑功能。

6)具有比例、积分(PI)控制功能的闭环控制。

7)多点 U/f 特性。

3. 保护特性

1)过电压与欠电压保护。

2)变频器过热保护。

3)接地故障保护。

4)短路保护。

5)I^2t 电动机过热保护。

6)PTC电动机保护。

二、MICROMASTER 420 系列变频器的安装

1. 机械安装与拆卸

以机壳外形尺寸A型为例,把变频器安装到35mm的标准导轨上,如图3-7a所示。

1)用导轨的上闩销把变频器固定到导轨的安装位置上。

2)向导轨上按压变频器,直到导轨的下闩销嵌入到位。

a)变频器的安装　　　　　　b)变频器的拆卸

图3-7　变频器的安装与拆卸

3)从导轨上拆卸变频器,如图3-7b所示。

① 为了松开变频器的释放机构,将螺钉旋具插入释放机构中。

② 向下施加压力,导轨的下闩销就会松开。

③ 将变频器从导轨上取下。

2. 电气安装

打开变频器的盖子后，就可以连接电源和电动机的接线端子，如图 3-8 所示。电源和电动机的接线如图 3-9 所示。

图 3-8　MICROMASTER 420 变频器的接线端子

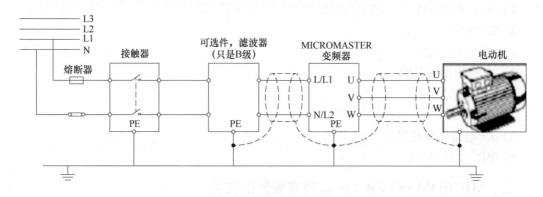

a) 单相电源

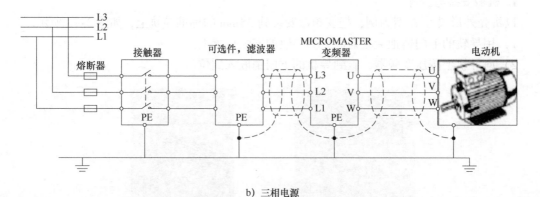

b) 三相电源

图 3-9　电源和电动机的接线

理论知识试题精选

一、选择题

1. 变频器按变换环节可分为交—交型和（　　）型变频器。
   A. 电流　　　　　B. 电压　　　　　C. 交—直—交　　　　　D. 矢量
2. 三相笼型异步电动机主要有（　　）、变转差率和变极 3 种调速方式。

A. 变频率   B. 变电流   C. 变电压   D. 变转矩

3. 三相交流变频器的主电路，通常用（　　）表示交流电源的输入端。

A. R、S、T   B. U、V、W   C. V+、V-、M   D. L、N、PE

4. 变频器的主电路通常用（　　）表示输出端。

A. R、S、T   B. U、V、W   C. V+、V-、M   D. L、N、PE

5. 变频器输入侧的额定值主要是电压和（　　）。

A. 相数   B. 电流   C. 功率   D. 防护等级

6. 公式 $s=\dfrac{n_0-n}{n_0}$ 中，n_0 表示（　　）。

A. 转差率   B. 旋转磁场的转速   C. 转子转速   D. 以上都不是

7. 频率给定中，模拟量给定方式包括（　　）和直接电压（或电流）给定。

A. 模拟量   B. 通信接口给定   C. 电位器给定   D. 面板给定

8. 电网电压频率为50Hz，若电动机的磁极对数 $p=2$，则该电动机的旋转磁场转速为（　　）r/min。

A. 1000   B. 1500   C. 2000   D. 3000

9. 变频器的基本频率是指输出电压达到（　　）值时输出的频率值。

A. U_N B. $U_N/2$ C. $U_N/3$ D. $U_N/4$

二、判断题

（　　）1. 变频器调速主要用于三相笼型异步电动机。

（　　）2. 变频器通常用R、S、T表示交流电源的输入端，用U、V、W表示输出端。

（　　）3. 变频器与外部连接的端子分为主电路端子和控制电路端子。

（　　）4. 变频器可以用操作面板来输入频率的数字量。

（　　）5. 通过外部电位器设置频率是变频器频率给定的最常见的形式。

操作技能试题精选

试题：应用变频器控制电梯曳引机的安装接线。

控制要求：

电梯运行速度是衡量电梯性能的一个重要指标，它不仅是提高电梯运行效率的重要因素，也直接关系到乘坐电梯的安全和舒适程度。首先要根据电梯曳引机的规格性能和电梯的控制要求对变频器的相关参数进行设置，主要包括最大频率50Hz、最小频率0Hz、基准频率50Hz、速度设定50Hz、斜坡上升时间3s、斜坡下降时间2s、电动机额定电压200V、电动机额定功率0.2kW。

考核要求：

1. 根据给定的电路图，按照国家电气绘图规范及标准，绘制变频器的电路，写出变频器需要设定的参数。

2. 将电器元件安装在配线板上，布置要合理，安装要准确、紧固、美观。接线要求紧固、美观。

3. 熟练操作变频器参数设定的键盘，并能正确输入参数。按照被控制设备要求进行正确的调试。

4. 正确使用电工工具及万用表，对电路仔细进行检查，以保证通电试验一次成功，并注意人身和设备安全。

5. 操作时间：60min。

应用变频器控制电梯曳引机的安装接线评分见表3-7。

表3-7 应用变频器控制电梯曳引机的安装接线评分

项目内容	配分	评分标准	扣分	得分
装前检查	5分	1. 电动机质量漏检，扣2分 2. 变频器漏检，扣2分		
安装元件	15分	1. 不按布置图安装，扣15分 2. 元件安装不牢固，每个扣4分 3. 元件安装不整齐、不匀称、不合理，每个扣3分 4. 损坏元器件，扣15分		
布线	20分	1. 不按电路图接线，扣20分 2. 布线不符合要求，每根扣3分 3. 接点松动、露铜过长、反圈等，每个扣1分 4. 损伤导线绝缘层或线芯，每根扣5分 5. 漏接接地线，扣10分		
设置变频器参数	20分	1. 不会操作变频器操作面板，扣5分 2. 不会修改变频器参数，每个扣2分 3. 缺少快速调试步骤，扣5分 4. 变频器参数设置遗漏，每个扣2分		
通电试运行	30分	1. 熔体规格选择不当，扣5分 2. 第一次试运行不成功，扣10分 3. 第二次试运行不成功，扣20分 4. 第三次试运行不成功，扣30分		
安全文明操作	10分	违反安全操作规程，每次扣5分		
合计				

任务3-2 变频调速在刨床主拖动系统中的应用

知识目标

♪ 了解刨床主拖动系统的电气控制要求。
♪ 了解MICROMASTER 420系列变频器的多段速参数。
♪ 了解变频器的选择与维护方法。

技能目标

♪ 正确应用变频器进行刨床主拖动系统的改造。
♪ 正确选择变频器，并进行变频器的日常维护。

*任务描述

本任务主要学习 MICROMASTER 420 系列变频器与多段速相关参数的设置,以及如何应用变频器与 PLC 配合实现对龙门刨床主拖动系统的改造。如图 3-10 所示,其生产工艺主要是刨削(或磨削)以及加工大型、狭长的机械零件。

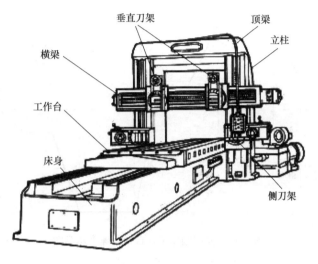

图 3-10 龙门刨床结构组成示意图

*任务分析

龙门刨床电气控制系统主要是控制工作台的自动往复运动和调速,也称为主拖动系统。龙门刨床的主拖动系统以直流发电机—电动机系统和晶闸管—电动机系统为主。以 A 系列龙门刨床为例,其采用电磁扩大机作为励磁调节器的直流发电机—电动机系统,通过调节直流电动机电压来调整输出速度,并采用两级齿轮变速箱变速的机电联合调节方法。但是,传统的控制方式中电动机较多,控制电路繁杂,维护和检修困难。随着工业自动化的发展,变频器、PLC 在工厂设备改造中被广泛应用。

龙门刨床的主运动为刨台频繁的往复运动,在往复一个周期中,对速度的控制有一定要求,如图 3-11 所示。

具体频率变化要求如下。

1) 慢速切入/前进减速时的频率为 25Hz。
2) 高速前进时的频率为 45Hz。
3) 高速后退时的频率为 -50Hz。
4) 慢速后退时的频率为 -20Hz。

通过分析龙门刨床主拖动系统的控制要求可知,在加工过程中工作台经常处于起动、加速、减速、制动、换向的状态,也就是说,工作台在不同的阶段需要在不同的速度下运行,为了实现该控制要求,大多数变频器都提供了多段速的控制功能。多段速控制是通过几个开关的通、断组合来选择不同的运行频率。而这些开关的动作由安装在龙门刨床床身一侧的前进减速/换向行程开关 SQ1/SQ3 与后退减速/换向行程开关 SQ2/SQ4，以及安装在同侧的撞块 A、C 与压杆 AB、CD 相碰发出信号而动作的。如图 3-12 所示，A、B、B′ 与压杆 AB 在同一平面内；而 C、D、D′ 与压杆 CD 同在另一平面内。这些信号都作为 PLC 的输入量，经梯形图程序进行逻辑处理后，PLC 的输出量按各种变化组合控制变频器的输出频率，从而控制工作台的运动速度。

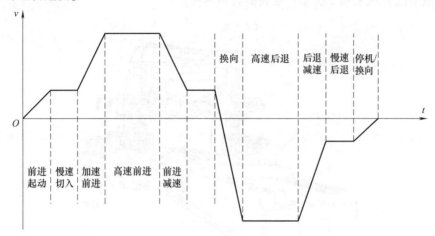

图 3-11 龙门刨床工作台运行速度示意图

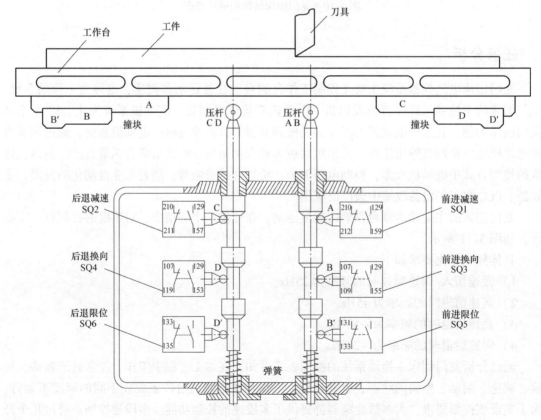

图 3-12 龙门刨床刨台撞块与行程开关位置示意图

*相关知识

MICROMASTER 420 系列变频器的参数设置

1. 数字输入 1 的功能（P0701）

参数 P0701 用于选择数字输入 1 的功能，默认值为 1。

1) 0——禁止数字输入。

2) 1——ON/OFF1（接通正转/停机命令 1）。

3) 2——ON reverse/OFF1（接通反转/停机命令 1）。

4) 3——OFF2（停机命令 2，即按惯性自由停机）。

5) 4——OFF3（停机命令 3，即按斜坡函数曲线快速降速停机）。

6) 9——故障确认。

7) 10——正向点动。

8) 11——反向点动。

9) 12——反转。

10) 13——MOP 升速（通过电位器增加频率）。

11) 14——MOP 降速（通过电位器减少频率）。

12) 15——固定频率设定值（直接选择）。

13) 16——固定频率设定值（直接选择 + ON 命令）。

14) 17——固定频率设定值（BCD 码选择 + ON 命令）。

15) 21——机旁/远程控制。

16) 25——直流注入制动。

17) 29——由外部信号触发跳闸。

18) 33——禁止附加频率设定值。

19) 99——使能 BICO 参数化。

2. 数字输入 2 的功能（P0702）

参数 P0702 用于选择数字输入 2 的功能，默认值为 12。

3. 数字输入 3 的功能（P0703）

参数 P0703 用于选择数字输入 3 的功能，默认值为 9。

4. 数字输入 4 的功能（P0704）

参数 P0704 用于选择数字输入 4 的功能，默认值为 0。

5. 固定频率 1 的功能（P1001）

参数 P1001 用于定义固定频率 1 的设定值，默认值为 0，参数范围为 -650.00 ~ 650.00Hz。

选择固定频率的方法有以下 3 种。

（1）直接选择（P0701 = P0702 = P0703 = 15） 在这种操作方式下，一个数字输入端选择一个固定频率。如果有几个固定频率输入同时被激活，选定的频率是它们的总和，如 FF1 + FF2 + FF3。需要说明的是，在直接选择的操作方式下，还需要一个 ON 命令才能使变频器投入运行。

(2) 直接选择 + ON 命令（P0701 = P0702 = P0703 = 16） 选择固定频率时，既有选定的固定频率，又有 ON 命令，把它们组合在一起。在这种操作方式下，一个数字输入端选择一个固定频率。如果有几个固定频率输入同时被激活，选定的频率是它们的总和，如 FF1 + FF2 + FF3。

(3) BCD 码选择 + ON 命令（P0701 = P0702 = P0703 = 17） 使用这种方法最多可以选择 7 个固定频率，频率设定见表 3-8。

表 3-8 频率设定

变频器参数	变频器输出频率	DIN3	DIN2	DIN1
	频率为 0	不激活	不激活	不激活
P1001	P1001 号参数设置的频率	不激活	不激活	激活
P1002	P1002 号参数设置的频率	不激活	激活	不激活
P1003	P1003 号参数设置的频率	不激活	激活	激活
P1004	P1004 号参数设置的频率	激活	不激活	不激活
P1005	P1005 号参数设置的频率	激活	不激活	激活
P1006	P1006 号参数设置的频率	激活	激活	不激活
P1007	P1007 号参数设置的频率	激活	激活	激活

6. 固定频率 2（P1002）

参数 P1002 用于定义固定频率 2 的设定值，默认值为 5.00，参数范围为 -650.00 ~ 650.00Hz。

7. 固定频率 3（P1003）

参数 P1003 用于定义固定频率 3 的设定值，默认值为 10.00，参数范围为 -650.00 ~ 650.00Hz。

8. 固定频率 4（P1004）

参数 P1004 用于定义固定频率 4 的设定值，默认值为 15.00，参数范围为 -650.00 ~ 650.00Hz。

9. 固定频率 5（P1005）

参数 P1005 用于定义固定频率 5 的设定值，默认值为 20.00，参数范围为 -650.00 ~ 650.00Hz。

10. 固定频率 6（P1006）

参数 P1006 用于定义固定频率 6 的设定值，默认值为 25.00，参数范围为 -650.00 ~ 650.00Hz。

11. 固定频率 7（P1007）

参数 P1007 用于定义固定频率 7 的设定值，默认值为 30.00，参数范围为 -650.00 ~ 650.00Hz。

为了使用固定频率功能，除按控制要求设定好不同的频率值外，还需要设置 P1000 = 3，来选择固定频率的操作方式。

*任务准备

一、识读刨床主运动控制要求

根据图 3-11 和图 3-12 所示,刨床工作台循环运动控制要求见表 3-9。

表 3-9 刨床工作台循环运动控制要求

工作台运动形式	控制信号	对应频率/Hz
前进启动/慢速切入	SA	25
加速前进/高速前进	延时 2s	45
前进减速/慢速前进	SQ1	25
前进换向/高速后退	SQ3	−50
后退减速/慢速后退	SQ2	−20
后退换向/慢速切入(循环工作)	SQ4	25

注:其中 SQ5、SQ6 作为前进、后退终端保护的行程开关。

二、准备元器件和材料

根据电动机的规格选配工具、仪表和器材,并进行质量检验,见表 3-10。

表 3-10 工具、仪表和器材

	代号	名称	型号	规格	数量
工具	验电器、螺钉旋具、尖嘴钳、斜口钳、剥线钳、电工刀等电工常用工具					
仪表	ZC25—3 型绝缘电阻表(500V)、DM3218A 型钳形电流表、MF47 型万用表					
器材	M	三相笼型异步电动机	Y90S—4	1.1kW、380V、2.7A、△联结、1400r/min	1
	QF	断路器	DZ47—32	380V、32A	1
	FU1	有填料熔断器	RT18—32/20	380V、32A、配熔体 20A	3
	FU2	有填料式熔断器	RT18—32/5	380V、32A、配熔体 5A	2
	SB3	按钮	LC210	自锁按键	1
	SB1、SB2	按钮	LA4—2H	保护式	2
	KM	交流接触器	CJX2—0910	线圈电压 220V	1
	SQ1~SQ6	行程开关	LXK1—311	直动式	6
	XT	端子板	TD—AZ1	660V、20A	1
		变频器	MM—420	380V/380V	1
		PLC	CPU226	AC/DC/REL	1
		直流电源		AC 220V/DC 24V	1
		控制板		600mm×700mm	1

(续)

	代号	名称	型号	规格	数量
器材		主电路塑铜线		BV1.5mm² 和 BVR1.5mm²	若干
		控制电路塑铜线		BV1.0mm²	若干
		按钮塑铜线		BVR0.75mm²	若干
		接地塑铜线		BVR1.5mm²（黄绿双色）	若干
		螺钉		ϕ5mm×20mm	若干
质检要求	（1）根据电动机规格，检验选配的工具、仪表、器材等是否满足要求 （2）电器元件外观应完整无损，附件、备件齐全 （3）用万用表、绝缘电阻表检测电器元件及电动机的技术数据是否符合要求				

*任务实施

一、PLC 的 I/O 分配

根据任务分析，对 PLC 的输入输出量进行分配，见表 3-11。

表 3-11 PLC 的输入输出量分配

输入量		输出量	
名称	代号	名称	代号
起动/停止开关（SB3）	I0.0	起动/停止功能（DIN4）	Q0.4
前进减速行程开关（SQ1）	I0.1	四速功能（DIN1）	Q0.1
前进换向行程开关（SQ3）	I0.2	四速功能（DIN2）	Q0.2
后退减速行程开关（SQ2）	I0.4	四速功能（DIN3）	Q0.3
后退换向行程开关（SQ4）	I0.5		

二、绘制变频器、PLC 硬件接线

根据控制要求及 I/O 分配，绘制变频器与 PLC 硬件接线，如图 3-13 所示。

三、设计顺序功能图和梯形图

根据控制要求绘制刨床主拖动系统顺序功能图并设计梯形图，如图 3-14 和图 3-15 所示。

四、设置变频器参数

首先恢复出厂设置，如果需要可根据电动机铭牌改变电动机参数进行快速调试。根据控制要求，其参数设置见表 3-12。

单元 3 变频器的应用

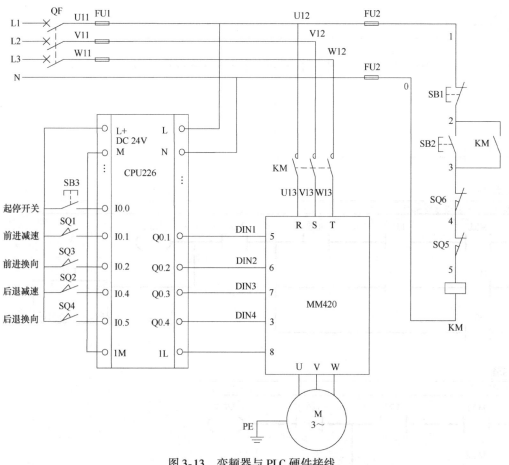

图 3-13 变频器与 PLC 硬件接线

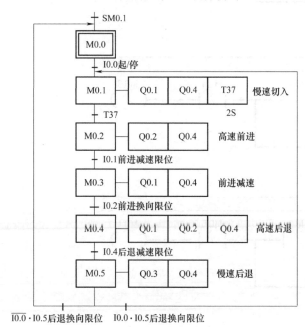

图 3-14 刨床主拖动系统顺序功能图

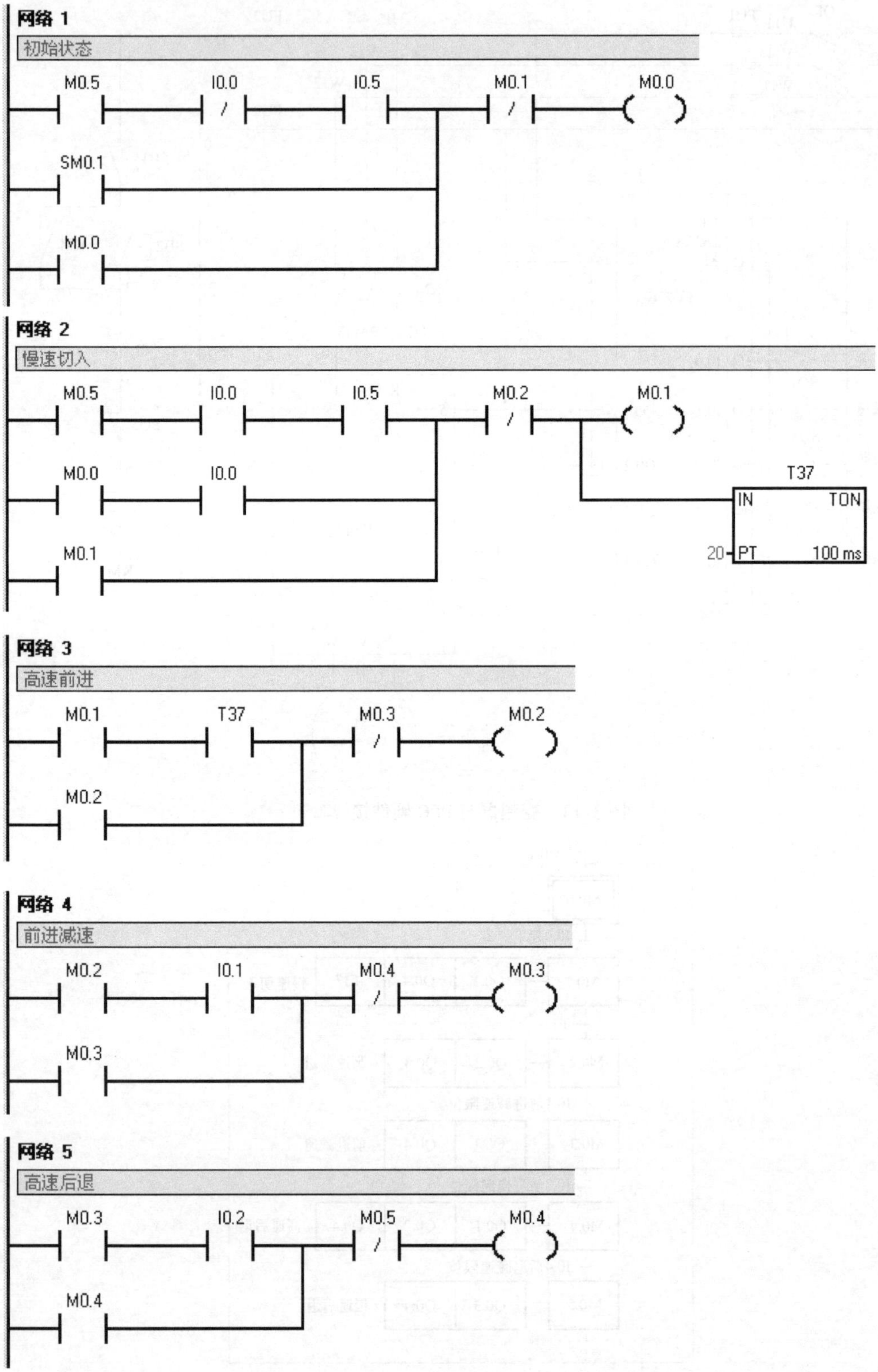

电力拖动基本控制线路（任务驱动模式）

网络 1
初始状态

```
M0.5    I0.0    I0.5    M0.1    M0.0
─┤├─────┤/├─────┤├──────┤/├─────( )
SM0.1
─┤├─
M0.0
─┤├─
```

网络 2
慢速切入

```
M0.5    I0.0    I0.5    M0.2    M0.1
─┤├─────┤├──────┤├──────┤/├─────( )
M0.0    I0.0                         T37
─┤├─────┤├─                      IN  TON
M0.1                          20─PT  100 ms
─┤├─
```

网络 3
高速前进

```
M0.1    T37     M0.3    M0.2
─┤├─────┤├──────┤/├─────( )
M0.2
─┤├─
```

网络 4
前进减速

```
M0.2    I0.1    M0.4    M0.3
─┤├─────┤├──────┤/├─────( )
M0.3
─┤├─
```

网络 5
高速后退

```
M0.3    I0.2    M0.5    M0.4
─┤├─────┤├──────┤/├─────( )
M0.4
─┤├─
```

图 3-15 刨床主拖

单元3 变频器的应用

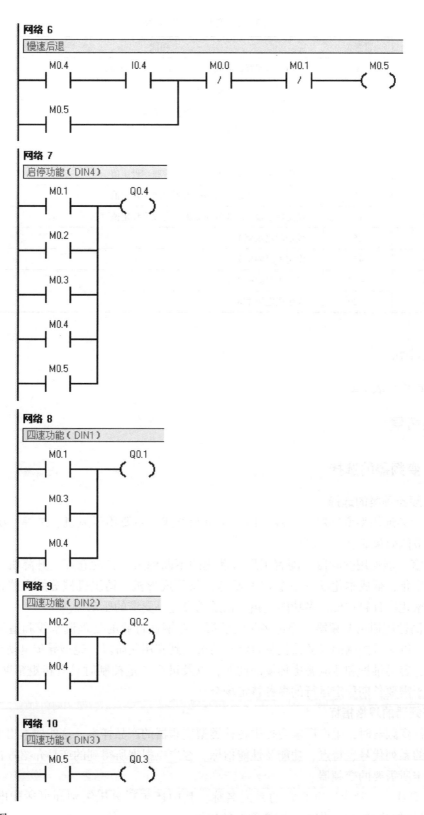

动系统梯形图

表 3-12 变频器参数设置

参数代码	设置值	功能	备注
P0003	3	将用户访问级提高到扩展级，以便访问到相关参数	
P0010	0	变频器运行前此参数必须为 0	默认值
P1000	3	将频率设定值的选择设为固定频率设定	
P0700	2	选择命令信号源由端子排输入	默认值
P0704	1	设定数字输入端 4 的功能为接通正转/停车命令	
P0701	17	设定数字输入端 1 的功能为固定频率设定值	
P0702	17	设定数字输入端 2 的功能为固定频率设定值	
P0703	17	设定数字输入端 3 的功能为固定频率设定值	
P1001	25	设定固定频率 1	
P1002	45	设定固定频率 2	
P1003	−50	设定固定频率 3	
P1004	−20	设定固定频率 4	

*检查评价

检查评价见表 1-2。

*知识拓展

一、变频器的选择

1. 变频器种类的选择

（1）简易通用型变频器　一般采用 U/f 控制方式，主要用于风机、泵等二次方降转矩负载，其节能效果显著，成本较低。

（2）多功能通用变频器　随着工厂自动化的不断深入，自动仓库、升降机、搬运系统等的高效率化，低成本化以及小型 CNC 机床、挤压成形机、纺织机械等的高速化、高效率化、高精密化已日趋重要，多功能变频器正是适应这一要求的驱动器。

（3）高性能通用变频器　经过多年的发展，在钢铁行业的处理流水线和造纸设备等加工设备中，以矢量控制的变频器代替直流电动机达到实用化阶段。笼型异步电动机具有优良的可靠性、容易维护和适应恶劣环境的性能，以及进行矢量控制时具有转矩精度高等优点，被广泛用于需要长期稳定运行的多种特定场合。

2. 变频器的规格指标

在选择变频器时，生产厂家会提供各种类型变频器的产品样本。这些样本用于向客户介绍变频器的系列代号、特点、功能及性能指标。客户应根据所得到的产品介绍进行比较和筛选，以确定所需要的变频器。

（1）型号　一般为厂家自定的系列名称，其中还包括电压级别和可适配电动机功率（或为变频器输出容量），作为订购变频器的依据。

(2) 电压级别　由于各国的工业标准或用途不同，所以其电压级别也各不相同。在选择变频器时，首先应注意其电压级别是否与输入电源和所驱动的电动机电压级别相适应。

(3) 最大适配电动机　在最大适配电动机一栏中通常给出最大适配电动机的功率（kW）。

(4) 额定输出容量　额定输出容量包含变频器的额定输出容量和额定输出电流两方面的内容，其中额定输出容量为变频器在额定输出电压和额定输出电流下的三相视在输出功率。

(5) 电源　变频器对电源的要求主要有电压/频率、允许电压波动率和允许频率波动率3个方面。其中，电压/频率是指输入电源的相数（即单相、三相）、电源电压的范围和频率要求（50Hz、60Hz）。允许电压波动率和允许频率波动率为电压幅值和频率的允许波动范围，前者一般为±10%，而后者一般为±5%。

3. 变频器的控制特性

变频器控制特性方面的指标较多，通常包括以下内容。

(1) 主电路工作方式　主电路的工作方式由整流电路与变频电路的连接方式所决定，可分为电压型和电流型两类。

(2) 变频电路工作方式　变频器的变频电路工作方式分为PWM和PAM。PWM是脉宽调制方式的简称，是通用变频器普遍采用的控制方式；PAM是脉幅调制的简称，一般用于低噪声和高频调速的场合。

(3) 频率设定方式　一般普遍采用变频器自身的参数设定方式设定频率，或者通过设定电位器设定频率，以及其他规格为0~10V（0~5V）、4~20mA的外部输入信号进行频率设定。高性能变频器还可选用数字（BCD码、二进制码）输入以及上位机发送的RS232和RS485等运转信号。

(4) U/f特性　U/f特性是指在频率可变化的范围内，变频器输出电压与输出频率的比值。一般的变频器都备有已确定的多种U/f特性，如转矩增强、二次方降转矩负载用节能特性等，以适应不同负载的需要。

(5) 制动方式　变频器的电气制动一般分为能耗制动、电源回馈制动和直流制动3种。

(6) 运行控制方式　作为变频器必备的功能，应具有标准的、由外部端子控制的起动、停止、正转、反转输入，同时还可以对停止方式进行设定，如减速停止、自由停止、直流制动停止等。此外，变频器通常都还具有多级调速运转和点动运转功能。

4. 保护功能

变频器的保护功能很多，通常反映在产品样本上的主要有以下几点。

(1) 变频器欠电压保护　欠电压是指变频器的电源电压在规定值（通常为额定电压的10%）以下的状态。为防止控制电路的误动作或主电路元件工作异常，此时变频器将停止输出。

(2) 变频器过电压保护　电源电压过高或电动机急速减速以及起重机、电梯等场合，当直流电路的电压超过规定值时，为防止主电路元件因过电压而损坏，变频器将停止输出。

(3) 变频器过电流保护　由于电动机直接起动或变频器输出侧发生相间短路或接地等故障时，变频器输出电流会瞬间急剧增大，所以为保护主电路元件不被损坏，将关闭主电路元件，停止输出。过电流保护通常设定在额定输出电流的200%。

（4）变频器防失速功能　加速过程中的失速是指 U/f 控制的变频器，在电动机加速时，瞬间急剧提高转速使得变频器输出频率与电动机的运转频率之差很大，而变频器的输出电流又受到限制，造成电动机得不到足够的转矩加速而维持原状的现象。为了避免加速或减速过程中变频器陷入此种状态，通常根据过电流状况采取暂时延长加速或减速时间，以达到防失速、无跳闸的效果。

二、变频器的维护

1) 检查安装地点、环境是否异常；冷却风路是否畅通；风机是否正常吹风；变频器、电动机、变压器、电抗器等是否过热有异味；电动机声音是否正常；变频器主电路和控制电路的电压是否正常；滤波电容是否漏液、开裂、异味；显示部分是否正常；控制按键和调节旋钮是否失灵。

2) 打开变频器机盖前应停止变频器运行，确认主电路电容放电完毕。清扫风机进风口、散热片和空气过滤器上的灰尘、脏物，使风路畅通；用吹具吹去印制电路板上的积尘，检查各螺钉紧固件是否松动，特别是通电铜条的大电流连接螺钉必须拧紧，有的因铜条发热弹性垫圈退火或断裂变形失去弹性，必须更换后拧紧；查看绝缘物是否有腐蚀、过热、变色变形的痕迹；用绝缘电阻表测绝缘电阻应在正常范围内（一般低压变频器使用 500V 绝缘电阻表，测量时要判别进线端压敏电阻是否动作，防止误判）。

3) 易损件到一定使用周期要进行更换，主要易损件有风机、滤波电解电容等；用万用表确认各控制电压的正确性，检查调节范围并做保护动作试验，确定保护有效；通电测量变频器输出电压的不平衡度；测量输入输出线电压是否在正常范围内。

4) 变频器长时间不使用时要进行维护，电解电容不通电时间不要超过 3~6 个月，因此要求间隔一段时间通电一次。新买来的变频器如离出厂时间超过半年至一年，也要先通低压空载，经过几个小时，让电容器恢复过来再使用。

5) 变频器的维护人员应经培训合格，在接触变频器对静电敏感的元器件时，应可靠消除自身所带的静电。

三、变频器的故障报警

1. 利用基本操作面板（BOP）排除故障

如果面板上显示报警码 AXXXX 或故障码 FXXXX，请查阅报警和故障信息。

如果"ON"命令发出后电动机不起动，请检查以下各项。

1) 检查是否 P0010 = 0。
2) 检查给出的"ON"信号是否正常。
3) 检查是否 P0700 = 2 或 P0700 = 1。
4) 根据设定信号源（P1000）的不同，检查设定值是否存在或输入的频率设定值参数是否正确。

如果在改变参数后电动机仍然不起动，请设定 P0010 = 30 和 P0970 = 1，并按下 P 键，这时，变频器应复位到工厂设定的默认值。

2. MICROMASTER 420 系列变频器的故障信息

若变频器出现故障情况时出现跳闸现象，同时显示屏上出现故障码。为了使故障码复位，可以采用以下 3 种方法中的一种。

1）重新给变频器加上电源电压。

2）按下 BOP 上的 Fn 按钮。

3）通过数字输入 3（默认值置值）。

变频器常见故障信息见表 3-13。

表 3-13 变频器常见故障信息

故障	引起故障可能的原因	故障诊断和应采取的措施
F0001 过电流	1. 电动机的功率与变频器的功率不匹配 2. 电动机电缆太长 3. 电动机的连接导线短路 4. 接地故障	1. 电动机的功率必须与变频器功率相匹配 2. 电缆的长度不得超过最大允许值 3. 电动机电缆及电动机内部不得有短路或接地故障 4. 输入变频器的电动机参数必须与实际使用的电动机参数相对应 5. 输入变频器的定子电阻值必须正确无误 6. 增加斜坡上升时间 7. 减少"提升"的数值 8. 电动机的冷风通道必须通畅，电动机不得过载
F0002 过电压	1. 直流电路的电压超过了跳闸电平 2. 由于供电电源电压过高，或者电动机处于再生制动方式下引起过电压 3. 斜坡下降过快，或者电动机由于大惯性负载带动旋转而处于再生制动状态	1. 电源电压必须在变频器铭牌规定的范围内 2. 直流电路电压控制器必须有效，而且正确进行了参数化 3. 斜坡下降时间必须与负载的惯量相匹配
F0003 欠电压	1. 供电电源故障 2. 冲击负载超过了规定的限定值	1. 电源电压必须在变频器铭牌规定的范围内 2. 检查电源是否短时断电或者有瞬时的电压降低
F0004 变频器过温	1. 冷却风机故障 2. 环境温度过高	1. 变频器运行时冷却风机必须正常运转 2. 调制脉冲的频率必须设定为默认值 3. 冷却风道的入口和出口不得阻塞
F0005 变频器 I^2t 过温	1. 变频器过载 2. 负载的工作/停止间歇周期时间不符合要求 3. 电动机功率超过变频器的负载能力	1. 负载的工作/停止间歇周期时间不得超过指定的允许值 2. 电动机的功率必须与变频器的功率相匹配
F0080 ADC 输入信号丢失	1. 断线 2. 信号超出限定值	检查输入的接线
F0085 外部故障	由端子输入信号触发的外部故障	封锁触发故障的端子输入信号

3. 变频器常见报警信息

变频器常见报警信息见表 3-14。

表 3-14 变频器常见报警信息

故障	引起故障可能的原因	故障诊断和应采取的措施
A0501 电流限幅	1. 电动机的功率与变频器的功率不匹配 2. 电动机的连接导线短路 3. 接地故障	1. 电动机的功率必须与变频器功率相匹配 2. 电缆的长度不得超过最大允许值 3. 电动机电缆及电动机内部不得有短路或接地故障 4. 输入变频器的电动机参数必须与实际使用的电动机参数相对应 5. 输入变频器的定子电阻值必须正确无误 6. 增加斜坡上升时间 7. 减少"提升"的数值 8. 电动机的冷风通道必须通畅，电动机不得过载
A0502 过电压限幅	1. 电源电压过高 2. 负载处于再生发电状态 3. 斜坡下降时间太短	1. 检查电源电压应在允许范围内 2. 增加斜坡下降时间
A0503 欠电压限幅	1. 供电电源太低 2. 供电电源电压短时中断	检查电源电压应保持在允许范围内
A0504 变频器过温	变频器散热器的温度超过了报警电平	1. 环境温度必须在规定的范围内 2. 负载状态和"工作-停止"周期时间必须适当 3. 变频器运行时冷却风机必须运行
A0505 变频器 I^2t 过温	变频器温度超过了报警电平；如果已参数化，将降低电流	检查"工作-停止"周期的工作时间应在规定范围内
A0920 ADC 参数设定不正确	ADC 的参数不应设定为相同的结果，因为这样将产生不合乎逻辑的结果	各个模拟输入的参数不允许设定为彼此相同的数值
A0922 变频器没有负载	1. 变频器没有负载 2. 有些功能不能像正常负载情况下那样工作	1. 检查加到变频器上的负载 2. 检查电动机的参数是否与实际使用的电动机相符 3. 有的功能可能不正确工作，因为没有正常的负载条件
A0932 同时请求正向和反向点动	同时具有向前点动和向后点动的请求信号	确认向前点动和向后点动信号没有同时激活

理论知识试题精选

一、选择题

1. 三相异步电动机的转速除了与电源频率、转差率有关，还与（   ）有关系。
   A. 磁极数　　　　B. 磁极对数　　　　C. 磁感应强度　　　　D. 磁场强度
2. 变频器都有多段速度控制功能，西门子 EM420 系列变频器最多可以设置（   ）段不同运行频率。

　　A. 3　　　　　　B. 5　　　　　　C. 7　　　　　　D. 15

3. 卷扬机负载转矩属于（　　）。

　　A. 恒转矩负载　　B. 恒功率负载　　C. 平方降负载　　D. 以上都不是

4. 风机、泵类负载转矩属于（　　）。

　　A. 恒转矩负载　　B. 恒功率负载　　C. 平方降负载　　D. 以上都不是

5. 下列（　　）方式不适用于变频调速系统。

　　A. 直流制动　　　B. 回馈制动　　　C. 反接制动　　　D. 能耗制动

6. 为了提高电动机的转速控制精度，变频器具有（　　）功能。

　　A. 转矩补偿　　　B. 转差补偿　　　C. 频率增益　　　D. 段速控制

7. 恒压供水案例中，变频器一般采用（　　）控制。

　　A. U/f　　　　　B. 转差频率　　　C. 矢量　　　　　D. 直接转矩

二、判断题

（　　）1. 起重机属于恒转矩类负载。

（　　）2. 变频器基准频率也叫作基本频率。

（　　）3. 上限频率和下限频率是指变频器输出的最高、最低频率。

（　　）4. 跳跃频率也叫作回避频率，是指不允许变频器连续输出的频率。

（　　）5. 变频器的主电路中，断路器的功能主要有隔离作用和保护作用。

（　　）6. 在变频器处于停机状态时，如果有故障，LED 显示窗显示相应的故障码。

（　　）7. 变频器系统的调试遵循的原则是"先空载、继轻载、重载"。

（　　）8. 数字电压表不能测量变频器的输出电压。

操作技能试题精选

试题：应用变频器实现电动机四段速控制的安装接线。

控制要求：

利用变频器控制实现电动机四段速频率运行。四段速设置分别为：第一段输出频率为 15Hz；第二段输出频率为 50Hz；第三段输出频率为 -15Hz；第四段输出频率为 -50Hz。

考核要求：

1. 根据给定电路图，按照国家电气绘图规范及标准，绘制变频器的电路图，写出变频器需要设定的参数。

2. 将电器元件安装在配线板上，布置要合理，安装要准确、紧固、美观，接线要求紧固、美观。

3. 熟练操作变频器参数设定的键盘，并能正确输入参数。按照被控制设备的要求进行正确的调试。

4. 正确使用电工工具及万用表，对电路进行仔细检查，以保证通电试验一次成功，并注意人身和设备安全。

5. 操作时间：60min。

应用变频器实现电动机四段速控制的安装接线评分见表 3-8。

附录　常用低压电器设备的图形符号与文字符号

类别	名称	图形符号	文字符号	类别	名称	图形符号	文字符号
开关	单极控制开关	或	SA	按钮	常开按钮		SB
	手动开关一般符号		SA		常闭按钮		SB
	三极控制开关		QS		复合按钮		SB
	三极隔离开关		QS		急停按钮		SB
	三极负荷开关		QS		钥匙操作式按钮		SB
	组合旋钮开关		QS	接触器	线圈		KM
	低压断路器		QF		常开主触点		KM
	控制器或操作开关		SA		辅助常开触点		KM
行程开关	常开触点		SQ		辅助常闭触点		KM
	常闭触点		SQ	热继电器	驱动器件		FR
	复合触点		SQ		常闭触点		FR

附录　常用低压电器设备的图形符号与文字符号

(续)

类别	名称	图形符号	文字符号	类别	名称	图形符号	文字符号
时间继电器	通电延时线圈	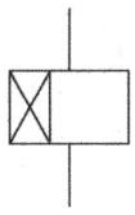	KT	电流继电器	过电流线圈	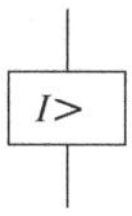 $I>$	KA
	断电延时线圈	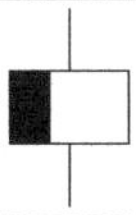	KT		欠电流线圈	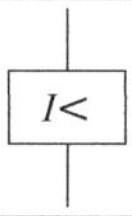 $I<$	KA
	瞬时闭合的动合触点		KT		常开触点		KA
	瞬时断开的动断触点		KT		常闭触点		KA
	延时闭合的动合触点		KT	电压继电器	过电压线圈	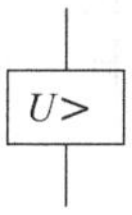 $U>$	KV
	延时断开的动断触点		KT		欠电压线圈	 $U<$	KV
	延时闭合的动断触点		KT		常开触点		KV
	延时断开的动合触点		KT		常闭触点		KV
中间继电器	线圈	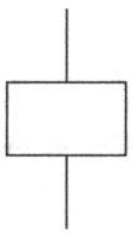	KA	非电量控制继电器	速度继电器常开触点	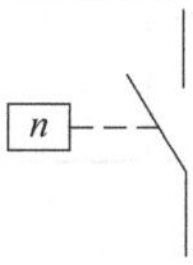 n	KS
	常开触点		KA		压力继电器常开触点	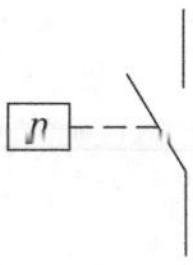 p	KP
	常闭触点		KA	熔断器	熔断器		FU

(续)

类别	名称	图形符号	文字符号	类别	名称	图形符号	文字符号
电磁操作器	电磁铁的一般符号	或	YA	发电机	发电机	G	G
	电磁吸盘		YH		直流测速发电机	TG	TG
	电磁离合器		YC	变压器	单相变压器		TC
	电磁制动器		YB		三相变压器		TM
	电磁阀		YV	灯	信号灯		HL
电动机	三相笼型异步电动机	M 3~	M		照明灯		EL
	三相绕线转子异步电动机	M 3~	M	接插器	插头和插座		X
	他励直流电动机	M	M	互感器	电流互感器		TA
	并励直流电动机	M	M		电压互感器		TV
	串励直流电动机	M	M	电抗器	电抗器		L